人力资源和社会保障部职业能力建设司推荐
有色金属行业职业教育培训规划教材

# 有色金属塑性加工实习与指导

李巧云　编著

北京
冶金工业出版社
2013

## 内容简介

本书是有色金属行业职业教育培训规划教材之一，是根据有色金属企业生产实际、岗位技能要求以及职业学校教学需要编写的。本书经人力资源和社会保障部职业培训教材工作委员会办公室组织专家评审通过，由人力资源和社会保障部职业能力建设司推荐作为有色金属行业职业教育培训规划教材。

本书介绍了有色金属及其合金的特点、分类、合金牌号、产品状态等。着重写了铜、铝及其合金的熔炼铸造的工艺、操作及其过程中应掌握的问题，以及铸轧、挤压、轧制、拉伸等生产实践中应该了解和掌握的问题。本书还列举了有色金属压力加工行业所属的配料工、熔炼铸造工、轧制原料工、金属轧制工、挤压工、金属材丝拉拔工、金属热处理工、精整工、酸洗工、铸轧工、检查工等十一个特有工种的职业技能鉴定（高级工）理论试卷和个别工种的实际操作考试，为有色金属行业特有工种职业技能鉴定考试提供重要依据。还附有有色行业个别工种的职业标准等内容，以便明确个别职业标准等级的划分。

在内容组织安排上力求简明扼要，通俗易懂，理论联系实际，切合生产实际需要，突出实际操作特点。

本书适于配合有色金属压力加工专业实习教学，既可以用于学生在实习中自学，又可作为实习过程中的作业练习。

**图书在版编目(CIP)数据**

有色金属塑性加工实习与指导/李巧云编著，—北京：冶金工业出版社，2013.5
有色金属行业职业教育培训规划教材
ISBN 978-7-5024-6249-9

Ⅰ.①有…　Ⅱ.①李…　Ⅲ.①有色金属—金属加工—技术培训—教材　Ⅳ.①TG146

中国版本图书馆 CIP 数据核字(2013)第 084552 号

出版人　谭学余
地　　址　北京北河沿大街嵩祝院北巷 39 号，邮编 100009
电　　话　(010)64027926　电子信箱　yjcbs@cnmip.com.cn
责任编辑　张登科　美术编辑　李　新　版式设计　孙跃红
责任校对　李　娜　责任印制　李玉山
ISBN 978-7-5024-6249-9
冶金工业出版社出版发行；各地新华书店经销；三河市双峰印刷装订有限公司印刷
2013 年 5 月第 1 版，2013 年 5 月第 1 次印刷
787mm×1092mm　1/16；11 印张；324 千字；165 页
**32.00** 元

**冶金工业出版社投稿电话：(010)64027932　投稿信箱：tougao@cnmip.com.cn**
**冶金工业出版社发行部　电话：(010)64044283　传真：(010)64027893**
**冶金书店　地址：北京东四西大街 46 号(100010)　电话：(010)65289081(兼传真)**
（本书如有印装质量问题，本社发行部负责退换）

# 有色金属行业职业教育培训规划教材
# 编辑委员会

# 序

有色金属工业是国民经济重要的基础原材料产业和技术进步的先导产业。改革开放以来，我国有色金属工业取得了快速发展，十种常用有色金属产销量已经连续多年位居世界第一，产品品种不断增加，产业结构趋于合理，装备水平不断提高，技术进步步伐加快，时至今日，我国已经成为名符其实的有色金属大国。

“十二五”期间，是我国由有色金属大国向强国转变的重要时期，要成为有色金属强国，根本靠科技，基础在教育，关键在人才，有色金属行业必须建立一支规模宏大、结构合理、素质优良、业务精湛的人才队伍，尤其是要建立一支高水平的技能型人才队伍。

建立技能型人才队伍既是有色金属工业科学发展的迫切需要，也是建设国家现代职业教育体系的重要任务。首先，技能型人才和经营管理人才、专业技术人才一样，同是企业人才队伍中不可或缺的重要组成部分，在企业生产过程中，装备要靠技能型人才去掌握，工艺要靠技能型人才去实现，产品要靠技能型人才去完成，技能型人才是企业生产力的实现者。其次，我国有色金属行业与世界先进水平相比还有一定差距，要弥补差距，赶超世界先进水平靠的是人才，而现在最缺乏的就是高技能型人才。再次，随着对实体经济重要性认识的不断深化，有色金属工业对技能型人才的重视程度和需求也在不断提高。

人才要靠培养，培养需要教材。有色金属工业人才中心和洛阳有色金属工业学校为了落实中国有色金属工业协会和教育部颁发的《关于提高职业教育支撑有色金属工业发展能力的指导意见》精神，为了适应行业技能型人才培养的需要，与冶金工业出版社合作，组织编写了这套面向企业和职业技术院校的培训教材。这套教材的显著特点就是体现了基本理论知识和基本技能训练的“双基”培养目标，侧重于联系企业生产实际，解决现实生产问题，是一套面向中级技术工人和职业技术院校学生实用的中级教材。

该教材的推广和应用，将对发展行业职业教育，建设行业技能人才队伍，推动有色金属工业的科学发展起到积极的作用。

中国有色金属工业协会会长 陈全训

2013 年 2 月

# 前　言

本书是按照人力资源和社会保障部的规划，参照行业职业技能标准和职业技能鉴定规范，根据有色金属企业生产实际、岗位技能要求以及职业学校教学需要编写的。书稿经人力资源和社会保障部职业培训教材工作委员会办公室组织专家评审通过，由人力资源和社会保障部职业能力建设司推荐作为有色金属行业职业教育培训规划教材。

为了突出职业技术学校的教学特点，培养既有专业理论知识又有实际操作经验的技能人才，更好地指导学生进行认识和专业实习，掌握更多的实际操作技能，特编写了这本《有色金属塑性加工实习与指导》。

本书介绍了有色金属及其合金的特点、分类、合金牌号、产品状态等。着重介绍了铜、铝及其合金的熔炼铸造工艺、操作及其过程中应掌握的内容，以及铸轧、挤压、轧制、拉伸等生产实践中应该了解和掌握的问题，书后附有有色行业个别工种的职业标准等内容，以便明确个别职业标准等级的划分。

本书适合于有色金属压力加工专业实习教学，既可用于学生在实习中自学，也可作为实习过程中的作业练习。本书列举了有色金属压力加工行业所属的配料工、熔炼铸造工、轧制原料工、金属轧制工、挤压工、金属材丝拉拔工、金属热处理工、精整工、酸洗工、铸轧工、检查工等十一个特有工种的职业技能鉴定（高级工）理论试卷和个别工种的实际操作试卷，为有色金属行业特有工种职业技能鉴定考试提供参考。

本书由李巧云编写，段鲜鸽审稿。在编写过程中得到了洛阳有色金属工业学校领导杨伟宏和申智华、姚晓燕、白素琴、杜运时等老师的大力支持和热忱帮助，并参考了一些相关资料，在此一并表示衷心的感谢。

由于编者水平所限，编写经验不足，书中不妥之处，恳请读者批评指正。

作　者

2013 年 2 月

# 目　录

# 1 常 用 量 具

作为有色金属压力加工从业者，必须掌握一定量具的使用方法，从而测量出符合尺寸范围标准的合格产品，以满足用户的要求。在压力加工生产中，常用的量具有钢板尺、钢卷尺、游标卡尺和千分尺等。前两种属于简单量具，后两种属于精密量具。下面着重介绍后两种。

## 1.1 游标卡尺

游标卡尺是应用较广泛的通用量具，具有结构简单、使用方便、测量范围大等特点。它是利用游标和尺身相互配合进行测量和读数的。游标卡尺用来测量制品或工件的内径、外径、宽度、厚度、深度、孔距等。根据结构不同，游标卡尺可分为双面量爪游标卡尺、三用游标卡尺、单面量爪游标卡尺，如图 1-1 所示。

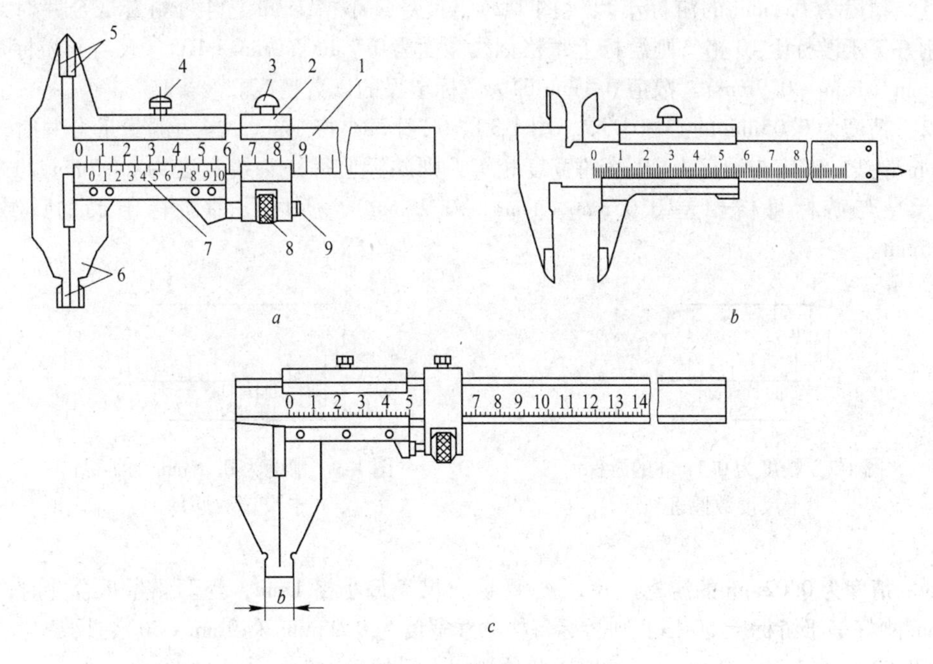

图 1-1 常用游标量具

*a*—双面量爪游标卡尺；*b*—三用游标卡尺；*c*—单面量爪游标卡尺

1—尺身；2—辅助游标；3，4—螺钉；5—上量爪；6—下量爪；7—游标；8—螺母；9—小螺钉

### 1.1.1 游标卡尺的结构和规格

#### 1.1.1.1 结构

如图 1-1*a* 所示，游标卡尺是由尺身 1、游标 7 和辅助游标 2 组成。当游标卡尺需要移动较大距离时，只需松开螺钉 3 和 4，推动游标即可。如果要对游标做微小调节，可将螺钉 3 紧固，

松开螺钉4，用手指转动螺母8，通过螺杆移动游标，使其得到需要的尺寸。取得需要的尺寸后，应把螺钉4加以紧固。游标卡尺上端的量爪可以测量地处狭小的凸柱直径或厚度，外侧面（带有圆弧面）用来测量内径、内孔或沟槽。

1.1.1.2　规格

（1）双面量爪游标卡尺，测量范围有0～200mm、0～300mm两种。

（2）三用游标卡尺，测量范围有0～125mm、0～150mm两种。

（3）单面量爪游标卡尺，测量范围较大，可达1000mm。

### 1.1.2　游标卡尺的读数原理和读法

游标卡尺按其测量精度不同，可分为0.1mm、0.05mm和0.02mm三种。这三种游标卡尺的尺身刻度间隔是相同的，即每1小格1mm，每1大格10mm。所不同的是游标与尺身相对应的刻线宽度不同。

1.1.2.1　读数原理

（1）精度为0.1mm的游标卡尺（图1-2），尺身每小格1mm，当两测量爪合并时，尺身9mm刚好等于游标上10格，则游标上每格刻线宽度为0.9mm（9mm÷10）。尺身与游标每格相差0.1mm（1mm－0.9mm）。数值0.1mm即为游标卡尺的读数精度。

（2）精度为0.05mm的游标卡尺（图1-3），尺身每小格1mm，当两测量爪合并时，尺身上19mm刻线的宽度与游标上20格的宽度相等，则游标上每格刻线宽度为0.95mm（19mm÷20），尺身与游标每格相差0.05mm（1mm－0.95mm），所以此种游标卡尺的读数精度为0.05mm。

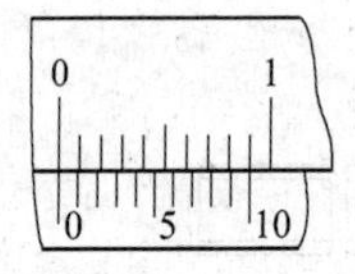


图1-2　精度为0.1mm的游标卡尺读数原理

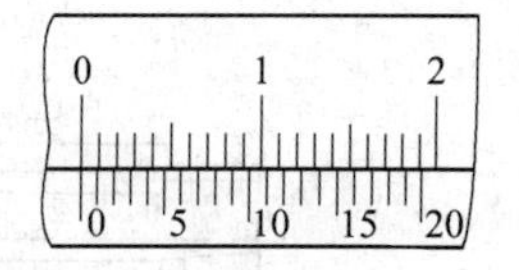


图1-3　精度为0.05mm的游标卡尺读数原理

（3）精度为0.02mm的游标卡尺（图1-4），尺身每小格1mm，当两测量爪合并时，尺身上49mm刚好等于游标上50格，则游标每格刻线宽度为0.98mm（49mm÷50），尺身与游标每格相差0.02mm（1mm－0.98mm），所以此种游标卡尺的读数精度为0.02mm。

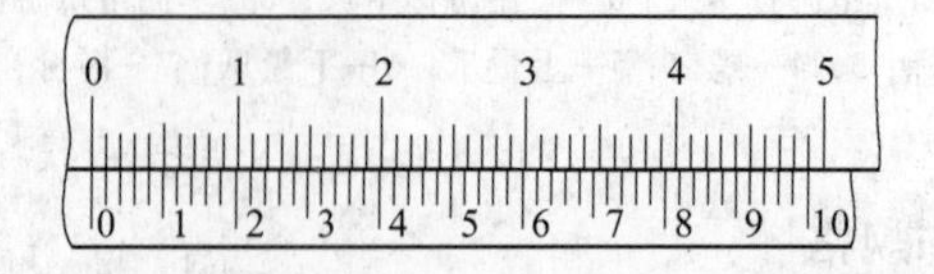


图1-4　精度为0.02mm的游标卡尺读数原理

综上所述，游标卡尺三种读数精度（0.1mm、0.05mm、0.02mm）中，0.02mm的读数精度最高，实际工作中应用最多。

#### 1.1.2.2 读数方法

使用游标卡尺测量制品或工件时，应先弄清游标的精度和测量范围。游标卡尺上的零线是读数的基准，在读数时，要同时看清尺身和游标的刻线，两者应结合起来读。具体步骤如下：

（1）读整数：在尺身上读出位于游标零线前面最接近的读数，该数是被测件的整数部分。

（2）读小数：在游标上找出与尺身刻线对齐的刻线，将刻线的顺序数乘以游标读数的精度值所得的积，即为被测件的小数部分。

（3）求和：将上述整数和小数相加即为被测件的实际尺寸。

举例：读出图1-5所示的读数精度为0.05mm的游标卡尺的测量数值。整数是42mm，小数是0.45mm（0.05mm×9），测量数值为42mm+0.45mm=42.45mm。

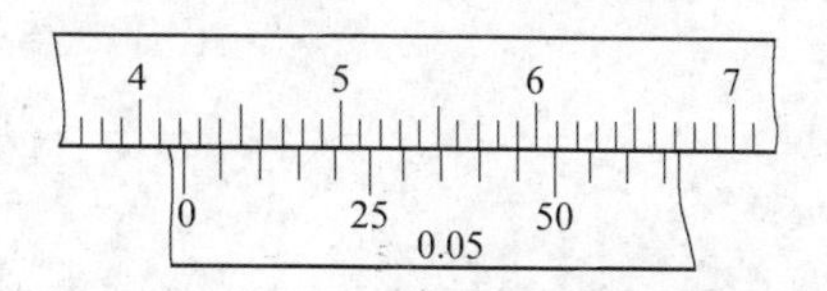


图1-5 精度为0.05mm的游标卡尺读数法

### 1.1.3 游标卡尺的使用与维护

#### 1.1.3.1 游标卡尺的使用

（1）在使用游标卡尺之前，要看清卡尺的精度，生产现场大都选用精度为0.02mm的游标卡尺。

（2）测量前要对游标卡尺进行检查，检查两量爪合并时，游标和尺身的零位能否对齐，若间隙过大不符合要求时，应送去检修而不能使用。

（3）当测量外径和宽度时，游标卡尺的测量爪应与被测表面相接触，要使游标卡尺的测量爪平面与直径垂直或与被测平面平行，如图1-6所示。

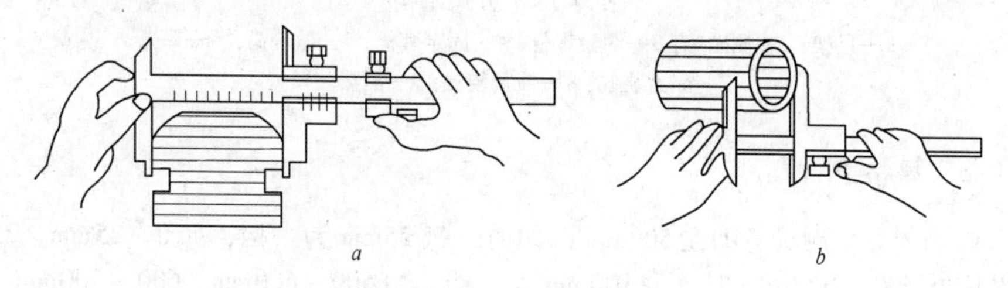


图1-6 测量外径和宽度的方法

*a*—量爪平面与被测平面平行；*b*—量爪平面与被测平面垂直

（4）测量内孔直径时，应使量爪的测量线通过孔心，并轻轻摆动找出最大值。

（5）不能用游标卡尺去测量铸件、锻件的毛坯，以避免损坏量具。

#### 1.1.3.2 游标卡尺的维护与保养

（1）游标卡尺是既普通又精密的量具，不得随意挪作他用，如将游标卡尺的量爪当成画针、圆规和螺钉旋具等使用。

(2) 移动游标卡尺的尺框和微动装置时，既不要忘记松开紧固螺钉，也不要松得过量，以免螺钉脱落丢失。

(3) 测量结束要将游标卡尺放平，严禁和其他工具混放，以免造成尺身弯曲变形。

(4) 发现游标卡尺受损应及时送计量部门修理，不得自行拆修。

(5) 游标卡尺使用完毕，要擦净、涂油，放入盒内，避免生锈或弄脏。

## 1.2 千分尺

千分尺是一种应用广泛的精密量具，其测量精度比游标卡尺高。其结构形式和规格多种多样，都是利用螺旋副传动的原理，把螺杆和旋转运动变成直线位移来测量尺寸。千分尺根据用途可分为外径千分尺、内径千分尺、深度千分尺、螺纹千分尺等。千分尺的测量精度为0.01mm。

### 1.2.1 千分尺的结构和规格

#### 1.2.1.1 结构

千分尺的结构如图1-7所示，尺架的左端是测砧座，右端是带有刻度的固定套筒，在固定套筒的外面有带有刻度的微分筒。转动测力装置时，可使测微螺杆和微分筒一起转动。当测微螺杆左端接触工件时，测力装置的内部机构打滑发出“吱、吱”的跳动声；当测力装置反向转动时，测微螺杆和微分筒随之转动，使测微螺杆向右移动；当测微螺杆固定不动时，可用锁紧装置锁紧。

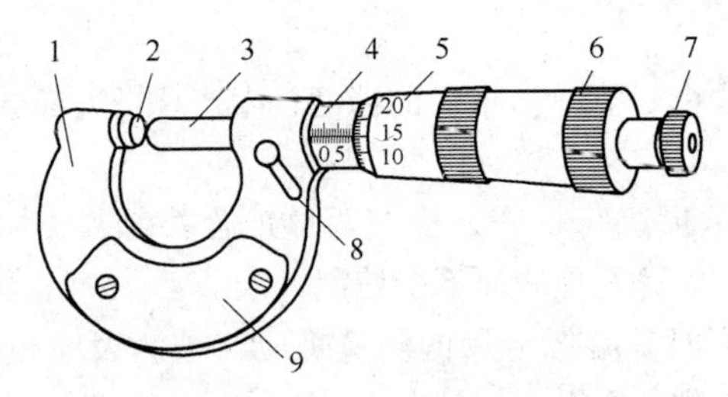


图1-7 千分尺结构

1—尺架；2—测砧座；3—测微螺杆；4—固定套筒；5—微分筒；6—罩壳；
7—测力装置；8—锁紧装置；9—隔热装置

#### 1.2.1.2 规格

按测量范围划分，测量范围在500mm以内时，每25mm为一档，如0～25mm、25～50mm等；测量范围在500～1000mm时，每100mm为一档，如500～600mm、600～700mm等。千分尺规格按制造精度可分为0级和1级，0级最高，1级次之。

### 1.2.2 千分尺的读数原理和读法

#### 1.2.2.1 读数原理

微分筒左端的圆锥面上刻有50条等分刻线，当微分筒旋转一圈时，由于测微螺杆的螺距为0.5mm，因此它就轴向移动了0.5mm。当微分筒旋转一格时，测微螺杆轴向移动距离为0.01mm（0.5mm÷50），因此千分尺的测量精度为0.01mm。

#### 1.2.2.2　读数方法

用千分尺进行测量时，读数方法可分为如下三步：

（1）读整数：先读出固定套筒上露出刻线的整毫米数和半毫米数，该数值作为整数。

（2）读小数：读出在微分筒上与固定套筒的基准线对齐的刻线数值，即不足半毫米的小数部分。

（3）求和：将上面两次读数值相加，即得被测件的读数值。

千分尺的读数方法如图1-8所示。

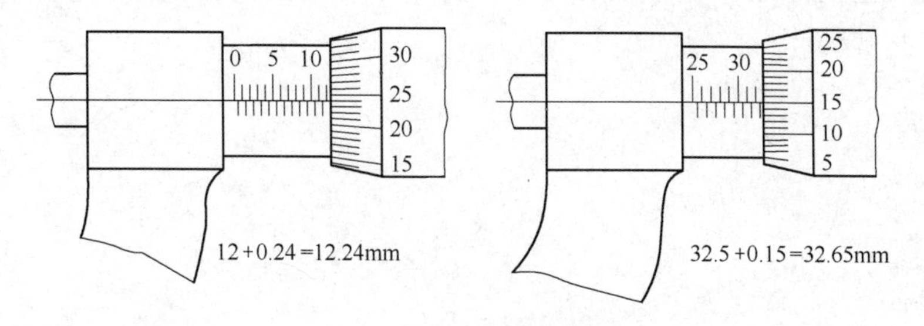


图1-8　千分尺的读数方法

### 1.2.3　千分尺的使用与维护

#### 1.2.3.1　千分尺的使用

（1）使用前先将千分尺擦干净，然后检查其各活动部件是否灵活可靠。同时应当校准，使微分筒的零线对准固定套筒的基线。

（2）测量前必须先把工件的被测量面擦干净，以免影响精度。

（3）测量时，要使测微螺杆轴线与工件的被测尺寸方向一致，不要倾斜。

（4）测量时，先转动微分筒，当测量面接近工件时改用测力装置，直到发出“吱、吱”声为止。

（5）读数时最好在被测件上直接读数。如果必须取下千分尺读数时，应用锁紧装置把测微螺杆锁住后再轻轻滑出千分尺。

（6）不能用千分尺测量有研磨剂的表面和粗糙表面，更不能测量运动着的工件。测量中还要注意温度。

测量时可用单手或双手操作，如图1-9所示。

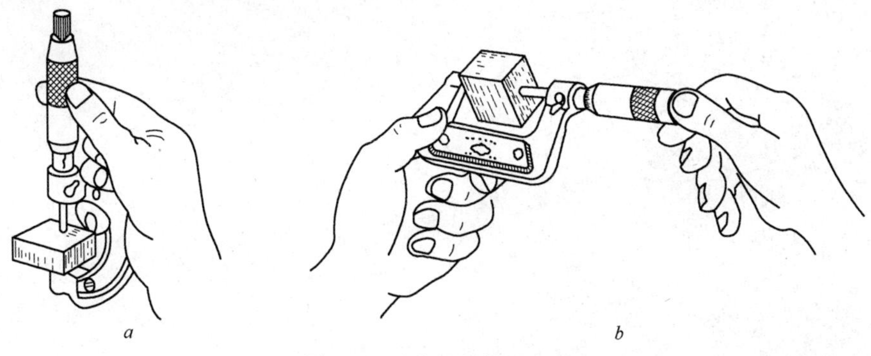


图1-9　千分尺的使用方法

*a*—单手测量；*b*—双手测量

#### 1.2.3.2　千分尺的维护与保养

（1）测量时不能使劲拧千分尺的微分筒。

（2）不要拧松千分尺的后盖，否则会造成零位改变。若后盖松动，则必须校对零位。

（3）不允许在千分尺的固定套筒和微分筒之间加入酒精、煤油、柴油、凡士林和普通机油等，不准把千分尺浸入上述油类和切削液内。

（4）要经常保持千分尺的清洁，使用完毕后擦干净，同时还应在两测量面上涂一层防锈油，让两测量面上互相离开一些，然后放在专用盒内，保存在干燥的地方。

# 2 熔炼与铸造生产实习

## 实习一 有色金属、合金成分、配料

认识有色金属及其合金的基本性能，学会合金化学成分的配制与调整，是熔炼铸造实习的首要内容。因为铸锭质量的好坏首先是由它的化学成分决定的，它又直接影响着加工制品的各种性能。因此认识金属及合金的性能，掌握正确的配料方法，是压力加工实习的首要任务。

通过认识和配料实习，主要掌握以下几个方面的问题：

1. 认识有色金属及合金；
2. 掌握金属及合金的分类、牌号及其性能；
3. 知道常用金属及合金的主要化学成分；
4. 懂得铸造车间配料时大量使用的原料有哪些；
5. 学会配料计算；
6. 掌握化学成分调整方法。

**实习作业：**

1. 写出下列元素的化学符号：

   铜_________、镍_________、铅_________、锌_________、锡_________、铝_________、
   镁_________、钛_________、锆_________、镉_________、铬_________、铁_________、
   锰_________、钨_________、钼_________、金_________、银_________、铂_________、
   砷_________、锑_________、铍_________、铋_________、碳_________、磷_________、
   硅_________、硫_________、硼_________、氢_________、氧_________、氮_________、
   氩_________、氦_________、钒_________、铈_________、铼_________、锂_________。

2. 纯铜又称电解铜或阴极铜，由于在大气中放置一段时间后，会发生氧化，因而变成紫红色，所以又称________。纯铜的新鲜表面为________色，其密度为________ $kg/m^3$，熔点为________℃，它的导电、导热性能仅次于银，居第二位。它具有良好的塑性和耐腐蚀性能，还具有良好的加工性能和使用性能。在各个行业已被广泛使用。

   我国的纯铜一般分为无氧铜、有氧铜和特种铜。无氧铜中有高纯无氧铜（TU0、TU1、TU2）和磷脱氧铜（TUP、TP1、TP2 等），特点是氧含量极少，在脱氧铜中还残留少量脱氧剂；有氧铜主要有普通纯铜（T1、T2、T3 等）和韧铜，特点是氧含量较高；特种铜主要有砷铜、银铜、碲铜等，特点是分别加入了不同的微量合金化元素，以达到提升材料综合性能的目的。

3. 写出下列普通纯铜的代号和含量：

   1 号纯铜：____________ 铜含量：____________；
   2 号纯铜：____________ 铜含量：____________；
   3 号纯铜：____________ 铜含量：____________。

4. 黄铜可分为____________和____________两种。普通黄铜是以 Cu 和 Zn 为主要元素的二元合金，又称简单黄铜。普通黄铜通常有 α 单相黄铜（H96、H90、H85、H80、H70、H68）、α + β 两相黄铜（H63、H62、H59）和 β 单相黄铜。在普通黄铜的基础上再加入第三种或三种以上元素的合金，便称为复杂黄铜。
5. 铅黄铜具有一定的热脆性，但有良好的切削性能和光洁的表面，主要用于钟表、精密仪器的制造，故有____________的美称。
6. 锡黄铜可以抑制脱锌，提高黄铜的抗腐蚀作用，故也有一个____________美称。
7. 普通黄铜的代号是以 H 打头，后面写上铜的含量，如__________。
8. 复杂黄铜的代号也是以 H 打头，再写上第三添加元素的符号，然后依次写出主元素和第三添加元素的含量，如____________。
9. 写出下列黄铜合金的成分含量：

   H62：

   H90：

   HPb59-1：

   HSn70-1：

   HAl77-2：
10. 除黄铜和白铜之外的铜合金，称为青铜。它的代号以“Q”开头，后面加上添加元素的符号和含量。如 QSn6. 5-0. 1，第一添加元素为 Sn，含量为 6. 5%，还有添加元素 P，含量为 0. 1%，余量为________。青铜中按第一添加元素（如锡、铝、铍、硅、锰）的不同，分别称为锡青铜、铝青铜、铍青铜、________、________等。
11. 常用的青铜如锡青铜、铝青铜、硅青铜、铍青铜等，有一定的共性，就是具有较高的力学性能、耐腐蚀性、耐磨性、无磁性、抗疲劳和冲击时不产生火花等特性。因此常用做高强度、高弹性、________性元件等。还可以用做机械、电器和________元件。
12. 写出下列青铜合金的成分含量：

    QSn6. 5-0. 1：

    QCr0. 5：

    QAl9-4：

    QBe2：

    QZr0. 2：
13. 白铜是以铜为基体，________为主要添加元素的合金。它的代号是以“B”开头，加上镍的含量，如 B10，含 Ni 约 10%，Cu 为余量。或以“B”开头，后面写上第三添加元素的符号及镍和第三添加元素的含量，如 BZn15-20，含 Ni 约 15%，含 Zn 约 20%，Cu 为余量。
14. 普通白铜就是铜和镍两种元素组成的二元合金。在普通白铜的基础上再加入锌、铝、铁、锰等元素，可分别称为锌白铜、____________、____________、____________等。
15. 白铜又可分为以下两大类：

    （1）结构用白铜：如普通白铜、铁白铜、锌白铜、铝白铜等。它们的力学性能和耐腐蚀性能高，塑性、弹性好，能够承受冷、热压力加工，是造船、发电、军工、化工等行业重要的结构材料。

    （2）电阻用白铜：主要是指锰白铜，它有良好的力学性能、耐腐蚀性能和耐热性能，电阻值稳定，电阻温度系数小等特点。可用做加热元件、变压器、热电偶电桥、精密电阻等元件。

16. 写出下列白铜合金的成分含量：
    B19：
    B30：
    BZn18-26：
    BFe30-1-1：
17. 镍为银白色，其熔点为＿＿＿＿＿＿℃，密度为＿＿＿＿＿＿kg/m³，耐腐蚀性能好，力学性能高，加工塑性良好，导电、导热性能低于铜，另外还具有铁磁性。镍主要用做无线电设备，电子管零件，以及某些精密仪器、化工设备、食品工业、医疗设备主要零件等。
18. 写出下列纯镍的代号和含量：
    2 号镍：＿＿＿＿　镍含量：＿＿＿＿；
    4 号镍：＿＿＿＿　镍含量：＿＿＿＿；
    6 号镍：＿＿＿＿　镍含量：＿＿＿＿；
    7 号镍：＿＿＿＿　镍含量：＿＿＿＿；
    8 号镍：＿＿＿＿　镍含量：＿＿＿＿。
19. 工业上广泛应用的镍合金主要有＿＿＿＿＿＿和 NCu40-2-1 两种。镍铜合金具有较高的耐腐蚀性能，良好的力学性能，高塑性和良好的焊接性能、耐高温性能。所以广泛应用于造船业，制作螺旋桨轴、叶轮和泵轴等部件，也用于测量仪表、精密机械和化工设备等。
20. 各种镍及镍合金的牌号，都是以＿＿＿＿字母打头的。
21. 铝是一种银白色的轻有色金属，其密度为＿＿＿＿kg/m³，熔点为＿＿＿＿℃，铝的导电、导热性能良好，仅次于铜和银。它具有良好的耐腐蚀性能，属于＿＿＿＿晶格，可塑性好，可承受各种形式的压力加工。但由于纯铝的强度较低，一般不能作为结构材料使用，如果在纯铝中加入其他元素如 Mg、Cu、Si、Mn、Zn 等，便可构成强度很高的铝合金。铝合金种类很多，根据化学成分和生产工艺特点不同，可分为＿＿＿＿＿＿＿＿＿和＿＿＿＿＿＿＿＿两大类。前者含有较多的合金元素，组织中共晶较多，铸造性能好，可直接铸造成铸件，但塑性低，不宜进行压力加工。后者含合金元素低，以单相固溶体组织为主，塑性良好，可以采用各种压力加工方法制成各种形状和不同性能的加工材。

    变形铝合金的强度和塑性一般较高，可以通过塑性变形的方法，制成各种半成品材料。根据化学成分和热处理特点不同，变形铝合金又可分为热处理不可强化的铝合金和热处理可强化的铝合金两大类。

    热处理不可强化的铝合金是不能利用＿＿＿＿的热处理方法使其强化的，它们只能利用冷作硬化的压力加工方法来提高它们的力学性能。属于这类铝合金的有＿＿＿＿、＿＿＿＿和＿＿＿＿。

    其余系列的变形铝合金，均属于热处理可强化的铝合金，它们可以利用＿＿＿＿的热处理方法来显著提高其力学性能。

    变形铝及铝合金国际四位数字体系组别的划分如下：

| 牌号系列 | 组　别 |
| --- | --- |
| 1××× | 纯铝（铝含量不小于 99.00%） |
| 2××× | 以铜为主要合金元素的铝合金 |

| | |
|---|---|
| 3××× | 以锰为主要合金元素的铝合金 |
| 4××× | 以硅为主要合金元素的铝合金 |
| 5××× | 以镁为主要合金元素的铝合金 |
| 6××× | 以镁和硅为主要合金元素并以 $Mg_2Si$ 相为强化相的铝合金 |
| 7××× | 以锌为主要合金元素的铝合金 |
| 8××× | 以其他合金元素为主要合金元素的铝合金 |
| 9××× | 备用合金组 |

22. 镁是一种银白色的轻有色金属，纯镁的密度为________ g/cm$^3$，熔点为________℃。镁具有密度小、质量轻、比强度高等优点。但它属于________晶格金属，滑移系少，塑性较差，一般不直接作为结构材料使用，绝大多数是制成镁合金和铝合金使用。工业镁合金按其化学成分和生产方法不同，可分为___________和___________两大类。前者可直接铸造成铸件或毛坯，后者可直接制成铸锭，再经各种压力加工方法制造成各种变形镁合金材。变形镁合金按其热处理特点不同也可分为可热处理强化的镁合金和不可热处理强化的镁合金两大类。可热处理强化的镁合金有 AZ62M、AZ80M、ZK61M。不可热处理强化的镁合金有 M2M、AZ40M、AZ41M、AZ61M、ME20M。

镁及变形镁合金名称、牌号如下：

| 合金名称 | 合金旧牌号 | 合金新牌号（GB/T 5153—2003） |
|---|---|---|
| 1 号纯镁 | Mg1 | Mg99.5 |
| 2 号纯镁 | Mg2 | Mg99.00 |
| 1 号变形镁合金 | MB1 | M2M |
| 2 号变形镁合金 | MB2 | AZ40M |
| 3 号变形镁合金 | MB3 | AZ41M |
| 5 号变形镁合金 | MB5 | AZ61M |
| 6 号变形镁合金 | MB6 | AZ62M |
| 7 号变形镁合金 | MB7 | AZ80M |
| 8 号变形镁合金 | MB8 | ME20M |
| 15 号变形镁合金 | MB15 | ZK61M |

23. 在熔炼铸造前，配料时大量使用的原料主要有以下四种：

（1）新金属：即由冶炼厂供给的纯金属，如电解铜、电解镍、电解铝、电解锰等。制得的方法不同，它们的品位也不同。新料要有质检单和______________，但也要复查。

（2）旧料：主要指厂内熔炼及加工过程中所产生的金属及合金废料。主要来源是铸锭的切头、________、锯屑及除化学成分废品以外的废铸锭。加工车间的边角料，加工废品以及压余、脱皮、料头、锯屑等。从厂外收集的废零件、弹壳等，能辨认清牌号时也可作为旧料使用。

（3）化学成分废料：是指那些______________不合格的杂料，经化学成分正确分析后方可使用。

（4）中间合金：指预先制好的以便在熔炼合金时带入某些成分而加入炉内的合金半成品。

24. 合金配料时要遵循哪些原则？

25. 试计算每炉投料量为500kg，全部使用新金属的B10白铜合金的配料。

26. 计算每炉投料量为1200kg，配料中使用50%新金属，其余为本合金旧料的H85的配料（对H85旧料的补锌量为1%）。

27. 计算每炉投料量为1000kg的QSn6.5-0.1合金的配料。原料要求磷以含磷10%的铜－磷中间合金形式使用，其余元素均用新金属。

28. 计算HSn70-1黄铜合金的配料组成,每炉配入H96黄铜100kg旧料,每炉投料量为300kg。

# 实习二　熔　　炼

金属及合金在高温下被熔化成液体的过程称为熔炼。在熔炼过程开始要将配制好的炉料按装料顺序依次放入炉内，并再装入适量的覆盖剂，对熔体进行保护，以防熔体在高温下氧化及挥发。熔化后的熔体不允许保温时间过长，否则在高温下熔体易吸取大量的空气。因此应及时进行炉前分析，合格的熔体应快速出炉。

通过熔炼实习，主要掌握以下几个方面的问题：

1. 熔炼时的装料顺序；
2. 常用金属及合金的熔炼方法；
3. 熔炼时采用炉子的炉型结构及工作原理；
4. 熔炼过程如何对熔体进行保护；
5. 熔体的精炼过程；
6. 实习当中严格遵守操作规程，或在师傅的指导下操作，避免发生安全事故。

**实习作业：**

1. 写出所在实习岗位熔炼的合金牌号、装料顺序、熔炼过程中的温度变化、采用覆盖剂的名称、所选炉型结构。

2. 熔炼过程中金属容易氧化和挥发，应采取哪些措施来减少熔损？

3. 熔炼过程中气体的主要来源有哪几方面？

4. 除去熔体中气体的方法有：

5. 铜液中脱氧的方法有两种，其所用脱氧剂是什么物质？

6. 感应电炉根据供电频率的不同可分为__________、__________和高频炉。根据其结构和特点又可分为__________和__________感应炉两种。
7. 有芯感应电炉按熔沟布置方式可分为__________和__________两种。
8. 无芯感应电炉主要是由__________、__________、__________和电气设备等几部分组成。
9. 简述有芯工频感应电炉的工作原理。

10. 有芯工频感应电炉的特点有哪些？

11. 简述无芯感应电炉的工作原理。

12. 无芯感应电炉有哪些特性？

13. 真空熔炼炉适合于熔炼哪类金属，它具有哪些特性？

14. 电渣炉适合于熔炼哪些金属，它们有哪些特点？

15. 熔炼时对覆盖剂有哪些要求？

16. 什么叫变质处理，目的是什么？

17. 写出感应炉熔炼紫铜的工艺过程。

18. 写出实习岗位上一种黄铜合金的熔炼工艺过程。

19. 黄铜熔炼有哪些特点？

20. 熔炼铝、硅、铍青铜有什么共同点？

21. 熔炼镉、铬、锆青铜有什么共同点？

22. 写出 B10 或 B30 合金的熔炼工艺。

# 实习三　铸　　造

铸造：是将熔化、精炼后并经化学成分分析合格的金属液体，凝固结晶成具有一定尺寸形状的固体坯锭的过程。铸造坯锭质量的好坏，是铸造的关键。在开始铸造前，要认真检查结晶器、冷却系统、保护系统、液流控制系统等，做好准备工作。在铸造过程中处理好铸造温度、铸造速度及冷却强度三者的关系。保证铸造出合格的铸锭。

通过铸造实习，主要掌握以下几方面的问题：

1. 铸造出来铸锭的规格；
2. 铸锭常出现的表面质量缺陷和内部质量缺陷；
3. 铸造方法分类；
4. 铸造设备的组成；
5. 铸造机的传动原理；
6. 结晶器的结构形式；
7. 所在实习岗位的铸造工序；
8. 严格遵守操作规程，或在师傅的指导下进行操作。避免发生安全事故，穿戴好劳动保护用品。

**实习作业：**

1. 写出所在岗位铸造出的合金牌号、铸锭规格、合格铸锭的处理方法。

2. 目前企业中广泛采用的铸造方法主要有两种，即________________________
和______________。

3. 半连续铸造过程中，结晶器内一般都存在着三个区，即液相区、__________、__________。

4. 什么叫半连续铸造，它有哪些特点？

5. 半连续铸造机有几种形式？写出你所在岗位上铸造机的传动特点。

6. 什么叫结晶器？画出你所在实习岗位上结晶器的具体形状。

7. 引锭托座的作用是什么？画出引锭托座的结构简图。

8. 铸造时结晶器内金属液面覆盖什么保护剂？

9. 什么叫一次冷却，什么叫二次冷却？

10. 半连续铸造有哪些准备工作？

11. 写出半连续铸造的操作顺序。

12. 铸造过程中常出现哪些故障，如何排除？

13. 什么叫“红锭铸造法”，它适合于哪些合金的铸造？

14. 哪些合金适合采用振动铸造，为什么？

15. 什么叫水平连铸，它有哪些特点？

16. 水平连铸与垂直连铸有哪些区别？

17. 写出铸锭表面、中心裂纹产生的原因及消除措施。

18. 什么叫“冷隔”？写出它产生的原因和防止措施。

19. 什么叫“缩孔，疏松”，写出它们产生的原因和防止措施。

20. 铸锭质量检查包括哪些内容？

# 3 板、带材生产实习

## 实习一 铸锭加热

铸锭加热是热轧的头道工序。为了提高金属的塑性，降低变形抗力，大多数金属及合金在开坯轧制前都要进行加热，只有个别具有热脆性的金属及合金（如 HPb63-3、HPb64-2）才进行冷轧开坯，不加热。铸锭加热是在加热炉内进行的。加热炉根据热能来源可分为火焰炉（即煤气、天然气加热炉或重油加热炉）和感应加热炉。不同的金属及合金有着不同的加热制度。加热温度、加热速度、加热时间以及炉内气氛的控制等，都是加热过程中的主要工艺问题。

通过加热实习，主要掌握以下几方面的问题：

1. 被加热的合金铸锭的规格，即厚（mm）× 宽（mm）× 长（mm）；
2. 常用加热合金的名称、牌号及化学成分含量；
3. 了解加热炉的名称、结构和特性；
4. 掌握铸锭加热的操作方法和工艺规程；
5. 铸锭加热常出现的质量问题。

**实习作业：**

1. 紫铜和高锌黄铜一般应采用中性或________气氛加热；无氧铜一般采用________或中性气氛加热；低锌黄铜、锡青铜、铝青铜、白铜等，加热时一般采用________气氛加热。镍及镍铜合金加热时还要控制气氛中二氧化硫的含量，因为在高温下易生成硫化铜和硫化镍，热轧时造成硫脆。
2. 铸锭加热的供热方式有：____________、二段式和三段式供热制度。三段式供热制度比较科学，适合于各种合金，生产效率高，便于实现机械化和自动化大规模生产。
3. 加热时常出现的缺陷有____________、____________、____________、严重氧化、夹灰和夹杂、氢气病和脱锌等。
4. 写出实习岗位上经常加热铸锭的合金牌号、名称和规格。

5. 写出本岗位上加热炉的名称、结构和主要技术性能。

6. 写出常生产的合金铸锭的加热工艺制度。

7. 铸锭加热时的操作注意事项有哪些?

8. 写出加热操作过程的程序。

9. 炉膛气氛有几种，如何辨别又如何控制？

10. 铸锭加热时常出现的质量缺陷有哪些，产生原因是什么？

## 实习二　热　　轧

热轧是金属及合金加热到完全再结晶温度以上进行的轧制过程。在热状态下进行轧制时金属的塑性好，变形抗力低，故可采用大规格的铸锭，采用大压下量进行加工。因此，热轧时能量消耗少，生产效率高。热轧还可以使铸造时的粗大晶粒组织改变为较致密的变形组织，有利于以后的冷加工。热轧的主要工艺是确定热轧的总加工率，合理分配道次加工率，熟练操作轧机及辅助设备，生产出高质量的产品，这些是热轧工艺中的关键问题。

通过热轧实习，主要掌握以下几个方面的问题：

1. 热轧生产的合金牌号和产品规格；
2. 热轧时的总加工率和道次加工率的计算；
3. 热轧机的基本组成和传动原理；
4. 常用量具的使用；
5. 热轧现场出现的质量问题和解决措施；
6. 热轧时的润滑与冷却。

**实习作业：**

1. 热轧一般是指金属在再结晶温度________的轧制。
2. 热轧前对铸锭质量检查项目有____________、____________、____________和内部质量等。
3. 板带材生产所用铸锭为扁锭，其尺寸用________________来表示。选择铸锭尺寸主要是确定铸锭的________，还要考虑金属及合金的本性、设备条件、铸造方法和产品规格等。
4. 热轧辊的辊形一般设计成______形，影响热轧辊辊形的因素有材质、表面硬度、尺寸形状、轧制温度、轧件宽度以及轧制条件等。
5. 热轧产品缺陷有表面缺陷、板形不良、厚度超差和性能不合格。其表面缺陷主要有____________、________________、____________、____________、擦划伤和粘辊等。板形不良主要有____________、____________和翘曲等。
6. 写出某种合金热轧坯锭的规格、轧制时的道次、每道次的压下量。

7. 写出热轧经常生产的合金牌号、名称、产品的规格。

8. 什么叫热轧，热轧生产有哪些特点？

9. 画出热轧机的结构简图，并注明各部件名称。

10. 写出热轧机的主要技术性能。

11. 热轧时的压下量是如何控制的？

12. 写出热轧机的操作程序。

13. 热轧机的操作注意事项有哪些？

14. 热轧时造成温降的因素有哪些？

15. 写出热轧时产品的缺陷，分析其产生原因及预防措施。

16. 热轧时根据生产的合金牌号不同，分别采用哪些冷却润滑剂？

# 实习三　铣　　面

铜及铜合金在热轧前、后对铸锭或热轧板坯表面进行的铣削，称为铣面。铣面可去除铸锭表面缺陷如冷隔、气孔、夹渣、偏析瘤等，还可以去除热轧过程中坯料表面产生的氧化物、脱锌压痕、氧化皮压入和表面小裂纹等缺陷，尤其对于热轧易氧化且难酸洗干净的某些合金，效果显著。

铣削是在铣床上进行的，铣床分为单面铣床和双面铣床。单面铣床就是一次只能铣削板坯的一个表面，然后在另一个铣床上铣削板坯的另一个表面。单面铣削量一般控制在0.2～0.5mm。这种方法效率低。现在采用双面铣床，就是板带材坯料通过铣床时，先后铣削其上、下两个表面。双面铣削量一般控制在0.60～1.0mm。铣边的深度一般为2～5mm，最大时可为10mm。

通过铣面实习，主要掌握以下几方面问题：

1. 认识经常铣面的合金牌号和来料规格；
2. 认识铣面的意义；
3. 不同牌号的合金铣削量有何不同；
4. 掌握铣床的技术特性和操作过程；
5. 掌握铣面时易出现的质量问题和解决措施。

**实习作业：**

1. 画出铣面过程的示意图。

2. 常铣面的合金牌号、规格有哪些？

3. 铣面的目的是什么？

4. 双面铣对每种合金的铣削量控制在多大范围内？

5. 写出双面铣的操作过程。

6. 扁锭铣面的标准有哪些？

7. 九辊矫直机的作用是什么？

8. 护板起到什么作用？

9. 在什么情况下需换铣刀？

10. 双面铣经常产生哪些缺陷？试分析原因。

11. 产生粘屑、链屑的原因有哪些？

12. 为什么铣面后要在料卷内垫上一层纸?

13. 写出铣面设备的技术性能及基本组成。

# 实习四　连 续 铸 轧

连续铸轧是将液体金属不断输入到一对相对旋转的被水冷却的轧辊辊缝间,通过冷却、铸造、连续轧出带卷坯料的过程。也称为无锭轧制法,即是把原来采用的熔炼铸造、热轧开坯等多道工序生产板坯的传统轧制方法合并为一道工序,将液体金属通过铸轧机列一次铸轧到6~30mm厚的板坯,形成一条铸与轧相结合的连续生产线。这是一种新型的轧制方法,适合于铝和铝合金板坯的生产。

连续铸轧法的特点是设备简单集中,从熔炼到轧成冷轧板坯可在一条生产线上完成,可节省铸锭、锯切、铣面、加热、热轧等多道工序,简化生产工艺,缩短生产周期,节省劳动力,生产线的机械化、自动化程度高。由于连续铸轧板坯的厚度较薄,且可直接带余热轧制,可节省大功率的热轧机和加热铸锭所消耗的电能和热能。轧制时切头、切尾等几何废料少,成品率高,生产成本低。但是该方法仅适合于生产工业纯铝或软铝合金板坯,对硬铝合金和某些高镁铝合金较难生产。

铸轧时主要解决的工艺问题是控制铸轧温度、铸轧速度、水冷强度、前箱金属液面高度和铸轧区高度等。

通过铸轧实习，主要掌握以下几方面的问题:

1. 铸轧常生产的合金牌号、化学成分和产品规格；
2. 熔炼前的装炉顺序和熔炼工艺；
3. 铸轧前的准备；
4. 铸轧时工艺参数的确定；
5. 铸轧机的基本组成和各部件的作用；
6. 铸轧机的操作方法和安全操作注意事项；
7. 铸轧生产现场的质量问题和解决措施；
8. 工具、量具、仪表、热电偶的使用方法。

**实习作业：**

1. 铝板连续铸轧时的引出过程称为____________，它是连铸板坯的开始阶段。
2. 铸嘴内分流块的作用是________________________________。
3. 铸轧区的定义是铸嘴前沿到两轧辊中心连线之间的区域 。铸轧区可分为____________、____________和____________三个区域。
4. 双辊式连续铸轧法按金属浇铸流向可分为____________和____________两种。
5. 铸轧时的工艺参数有____________、____________、____________、前箱金属液面高度和铸轧区长度。
6. 生产时使用液化气烧辊的主要目的是________________________。
7. 铸轧铝板坯的显微组织由____________、____________和____________组成。
8. 为改善铸轧板坯的组织，生产中可适当添加晶粒细化剂，其材料有____________________。
9. 写出铸轧生产的合金牌号、名称和产品规格。

10. 合金牌号 1100、1060 表示的含义是什么？

11. 国际四位数字体系 1××× 牌号的各位数字含义是什么?

12. 连续铸轧法有哪些特点?

13. 写出熔炼前炉料的装炉顺序。

14. 写出熔炼时的工艺制度。

15. 连续铸轧时的工艺参数有哪些，生产时是如何确定的？

16. 铝板坯连续铸轧中产生的主要缺陷有哪些？

17. 画出连续铸轧工艺流程示意图。

# 实习五　冷　　轧

冷轧是指金属及合金在再结晶温度以下，即在常温下进行的轧制过程。冷轧可以生产比较薄的板带材（薄至0.001mm），轧制后的厚度精度高，表面质量及平直度比热轧好。冷轧还可以控制各种状态产品的力学性能。但是冷轧过程中需配有其他一些辅助工序才能完成，如退火、酸洗等工序。在冷轧过程中如何分配道次加工率，控制成品加工率，即控制产品状态和性能，调整张力，控制好辊形是冷轧工艺最主要的问题。

通过冷轧实习，主要掌握以下几方面的问题：

1. 冷轧常生产的合金牌号、化学成分和产品规格；
2. 冷轧道次加工率和总加工率的计算；
3. 冷轧时的润滑和冷却；
4. 冷轧机的基本组成和主要部件的作用；
5. 冷轧机的操作方法、维修保养及安全注意事项；
6. 冷轧时生产现场出现的质量问题和解决措施；
7. 常用量具的现场使用。

**实习作业：**

1. 冷轧按其目的的不同，一般分为________、________、________和________。
2. 板带材轧制过程可分为____________、____________、____________三个阶段。
3. 冷轧产品缺陷有____________、____________、____________和____________四大类。
4. 板带材矫直的方式有____________、____________和____________等。
5. 铜及黄铜通常采用________水溶液进行酸洗。铜及铜合金冷轧时可采用____________和油类润滑剂进行润滑。
6. 冷轧过程______显著，它没有再结晶现象产生，故冷轧与____交替进行。
7. 退火时紫铜应采用中性或________气氛加热；高锌黄铜加热时一般采用______气氛，无氧铜采用______气氛加热。
8. 板材可采用________和________两种方法生产。
9. 轧辊常见的损坏形式有____________、____________、____________、____________以及研磨缺陷。

10. 冷轧时带材在各机架上同时进行轧制的过程称为____________。
11. 金属及合金在冷轧时，随着加工率的增大，其加工硬化程度__________。
12. 冷轧辊辊形一般设计成__________形。根据弯曲的对象和弯辊力的部位不同，液压弯辊可分为__________、__________两种。
13. 轧机是由__________、__________和__________三个主要部分组成的。
14. 写出经常生产的合金牌号、名称、产品规格。

15. 写出本岗位主要产品的工艺流程。

16. 什么叫冷轧，冷轧生产有哪些特点？

17. 冷轧在工作前应做好哪些准备工作?

18. 写出经常生产的产品的压下制度。

19. 生产中怎样进行辊形调整。

20. 液压弯辊系统有哪几种形式？

21. 哪些情况下需要更换工作辊？

22. 冷轧生产采用何种冷却润滑剂及润滑方式？

23. 冷轧生产中常见的表面废品有哪些？

24. 产生辊印压坑废品的原因有哪些？

25. 产生单边波浪废品的原因有哪些？

26. 写出冷轧操作注意事项。

27. 画出冷轧机的结构简图，并注明各部分名称。

28. 写出冷轧机的主要技术性能。

29. 生产厚度为 0.15mm 的电缆带，其工艺流程是 14.4mm→6.0mm→1.7mm→0.5mm→0.15mm，求第二、第三道次加工率及冷轧总加工率。

30. 生产 0.5mm H68 软带，其工艺流程为 11.6mm→5.5mm→△→1.2mm→※→0.5mm→△（其中△表示退火，※表示酸洗），试求其冷轧总加工率。

# 实习六　热 处 理

热处理是指金属及合金在固态范围内加热到一定温度，并在此温度下保持一定的时间，然后以某种冷却速度冷却到室温，从而改变其组织和性能的工艺过程。热处理是加工过程中不可缺少的一道工序。它不仅可消除加工过程中的冷作硬化，提高金属塑性，保证产品继续加工，而且能控制金属及合金的组织和性能。

在有色金属加工中常用的热处理方法有以下几种：

（1）均匀化退火：是将铸锭或铸坯加热到低于固相线温度（一般低 100～200℃），长时间保温（8h 以上）并进行缓慢冷却的过程。目的是借助于高温时原子的扩散，以消除或减少坯料中的枝晶偏析以及晶内偏析，得到更均匀的显微组织，从而改善金属的塑性和压力加工性能，同时还可以消除铸锭或坯料内部的残余应力。含锡量较大的锡青铜和锡磷青铜坯料，在热、冷加工之前要进行均匀化退火，均匀化退火的温度为 625～750℃，保温 1～6h。

（2）中间退火（软化退火）：是将金属或合金加热至再结晶温度以上，保温一段时间后冷却至常温的过程。目的在于消除加工硬化，提高金属或合金的塑性和降低变形抗力，以利于继续进行冷加工。

(3) 成品退火：是根据金属及合金的变形程度及产品性能要求加热至一定温度，均匀热透后冷却至常温。成品退火大多指软制品最终一次退火，控制软制品的性能和满足使用条件要求。有些合金半硬制品及硬制品也采用成品退火来控制其性能。退火温度根据成品加工率大小而定，一般比软制品成品退火的温度低，也称为低温退火。

(4) 消除内应力退火：目的在于消除变形过程中产生的内应力。由于金属在冷变形过程中的不均匀变形而在内部产生了内应力，它不仅降低了材料的耐腐蚀性能，还容易使材料产生应力裂纹，严重影响其使用性能。比如含锌量较高的黄铜对应力十分敏感，必须及时进行消除内应力退火。

(5) 光亮退火：是指在退火过程中制品不会发生氧化变色，而仍能保持原来光亮表面的退火。光亮退火的应用不但避免了金属材料的氧化损失，而且还省去了酸洗工序，使生产工艺简化和避免了酸洗引起的对环境的污染。光亮退火可分为保护气体退火和真空退火两大类。

(6) 淬火－时效：主要用于热处理可强化的合金，如铍青铜、镉青铜、铬青铜、铝白铜以及铝合金等。淬火是指上述合金制品经过加热后，快速冷却的过程，使合金中的强化相溶解于基体中，形成过饱和的固溶体组织。经淬火获得的过饱和固溶体，在室温下是不稳定的，它具有自发的析出、分解，向稳定状态转变的倾向。如果把这样的过饱和的固溶体在室温或一定的温度下，并保持一定的时间，使合金的强度和硬度大幅度增高，这样的过程称为时效。在室温下放置一定时间就完成其强化效果的时效称为自然时效。如果在高于室温的某一特定温度下保持一定时间，以完成强化效果的过程称为人工时效。

合理地控制加热温度、加热速度、保温时间、冷却速度以及炉内气氛等是热处理工艺的主要问题。

通过热处理实习，主要掌握以下几个方面的问题：

1. 热处理生产中各类合金的名称、牌号、主要成分及杂质含量；
2. 生产中常采用的热处理方法；
3. 各种热处理方法的工艺制度；
4. 热处理设备的技术性能和操作方法；
5. 热处理的质量废品产生的原因及消除措施；
6. 正确使用各种仪表、仪器，正确读出退火炉各区域的温度；
7. 正确执行工艺制度。

**实习作业：**

1. 写出你所在退火炉或加热炉上经常生产的合金牌号、名称及主要化学成分含量。

2. 什么叫退火，生产现场有哪几种退火形式？

3. 写出你所在岗位热处理设备的名称和主要技术性能。

4. 画出你所在岗位退火炉的结构简图，并注明各部分名称。

5. 生产前应做好哪些准备工作？

6. 本岗位热处理工的操作注意事项有哪些？

7. 叙述本岗位的操作程序。

8. 写出两种典型产品的退火制度。

9. 比较并写出箱式退火炉、气垫炉、钟罩式退火炉各有哪些特点，分别适合于哪些产品退火？

10. 退火前除油脱脂的目的是什么？

11. 写出你所在热处理岗位上经常出现的废品缺陷，分析其产生的原因。

## 实习七　精　　整

精整是板、带材生产过程中不可缺少的重要工序。精整的目的是使制品的尺寸、形状以及表面质量等满足技术标准的要求。精整主要包括表面清理、矫直、剪切、成品检验和包装等几个工序。

板、带材的表面清理包括两个方面：一是对热轧和中间热处理后的蚀洗，去除表面氧化物，呈现金属原有光泽；二是对热轧后的坯料进行表面铣削，去除加热或热轧过程中产生的氧化物和脱锌压痕，氧化皮压入和表面微小裂纹等缺陷（此部分见实习三）。

矫直的目的是消除板形缺陷，提高平直度，改善产品性能或便于继续加工。板带材产品剪切前后，以及铣面或带卷焊接前，一般都要矫直。板带材的矫直方法一般有辊式矫直、拉力矫直和压平矫直以及拉弯矫直，应用最广泛的是辊式矫直。

板、带材生产过程中，经常需要对轧件进行切边、破条、下料、中断等剪切工作，生产的最后工序还要进行成品剪切。因此，剪切质量的好坏直接影响到产品的质量和成品率。

生产出来的板、带材产品，必须要进行成品检验。检验的内容包括化学成分、尺寸公差、物理性能、力学性能、金相组织和表面质量等。成品检验的结果要满足技术标准要求。我国的技术标准有国家标准，用“GB”表示，如 GB/T 2059—2008 为 2008 年颁布的铜及铜合金带材标准。有色金属行业标准用“YS”表示，如 YS/T 323—2002 为 2002 年有色金属行业推荐的“铍青铜板材和带材”标准。企业标准各个企业不统一，如中铝洛阳铜业有限公司标准用“Q/LTB”表示。有时为满足用户的特殊性能要求，供需双方可签订“技术协议”等。国际标准代号为 ISO，美国标准代号是 ASTM，日本标准代号是 JIS，德国标准代号是 DIN。

成品检验合格后，需进行包装。包装是产品加工中的最后一道工序，很重要。由于产品在远距离运输和长期保管过程中，可能会受到化学腐蚀，野蛮装卸等都会造成机械碰伤或混料等。而质量受到损伤，满足不了用户要求便成了废品，会给供需双方造成极大的损失。由此可见，产品包装运输的质量不容忽视。产品的包装、运输和保管等具体事项可参见相关标准规定。

通过实习，主要了解和掌握以下几方面的问题：

1. 经常剪切的合金牌号、名称和剪切规格；
2. 板、带材进行蚀洗的生产工艺；
3. 板、带材矫直的原理及方法；
4. 矫直和剪切设备的名称及技术性能；

5. 剪切前的工艺计算；
6. 成品检验的技术标准；
7. 成品包装、标志、运输的技术标准。

**实习作业：**

1. 精整工作主要包括____________、____________、____________、成品检验和包装等工序。
2. 板、带材矫直的方式有____________、____________、____________和____________等。
3. 板、带材的剪切可分为________、________、________、中断和成品剪切。
4. 剪切过程应经常检查切口状况及尺寸精度，保证剪刃质量、精度符合要求，从而保证带材切口光滑无________、________、剪歪及尺寸超差等缺陷。
5. 铜及黄铜通常采用________水溶液进行酸洗。
6. 酸洗时常见的废品和缺陷有________、________、水迹和“花脸”等。
7. 配置硫酸时必须注意安全，先放________，后加________。
8. 去除制品表面油脂的过程称为____________。
9. ________是通过采用化学试剂使材料表面形成致密保护层，防止铜材表面氧化变色。
10. 写出板、带材在蚀洗时的工艺过程和化学反应式。

11. 简述酸洗和碱洗时的工艺要求。

12. 写出板、带材矫直的原理及矫直的方法。

13. 你所在实习岗位上矫直机的主要技术性能和矫直规格范围。

14. 写出矫直时的工艺要求。

15. 剪切方法分哪几类?

16. 剪切设备共有哪几类?

17. 写出你所在岗位上剪切机的技术性能。

18. 剪切有哪些缺陷废品？

19. 为提高成品率，剪切时应注意哪些事项？

20. 试述剪切时的操作过程。

21. 有一卷 H68 料，卷内径为 500mm，外径为 1100mm，宽度为 630mm，剪切成内径为 250mm、外径为 450mm、厚度为 305mm 的卷材，问能切几卷？

22. 现有客户订购 5t H62 黄铜板（H62 密度为 8.4g/cm$^3$），规格为 1.5mm × 600mm × 1800mm，问需切多少张？

23. 现需 2t H62 黄铜卷材（H62 密度为 8.4g/cm$^3$），要求卷材的规格为外径 300mm、内径 200mm、高度 200mm，问需切多少卷？

24. 成品检验的标准有哪些？

25. 你所在实习岗位上常检验的产品执行的是什么标准？

26. 请写出板、带、箔材的尺寸范围。

27. 请写出各种产品供货状态的代号。

# 4　管、棒、型、线材生产实习

## 实习一　加　　热

铸锭加热的内容与第 3 章板、带材生产实习中的加热部分相同，这里不再赘述。

## 实习二　挤　　压

挤压法是将加热好的金属铸锭放入挤压筒内，并在挤压筒的一端设置挤压模，另一端施加压力，迫使金属从模孔中流出成形的一种塑性变形方法。挤压法是生产管、棒、型、线材的最基本的方法之一。大多数金属及合金都采用热挤压，因为在热状态下，金属及合金塑性好，变形抗力低，可获得较大的变形量（90% 以上），使其铸造组织转变为加工组织。因此，挤压制品具有致密的组织和较高的力学性能。挤压法灵活性大，品种规格繁多，不仅可生产简单断面的制品，而且可生产复杂断面的制品，甚至变断面制品，而且制品的尺寸精确，表面光洁。但是采用挤压法生产的制品，几何废料多，挤压工具磨损严重，从而使挤压成本增高。

挤压工艺如挤压速度、挤压温度、变形程度以及挤压模的设计形状等，对挤压时金属的流动特点（流动的均匀性），制品的质量以及挤压力的大小等都有着重要的影响。

通过挤压实习，主要了解和掌握以下几方面的问题：

1. 挤压生产的合金牌号、名称、产品状态和规格；
2. 生产各种合金牌号时的工艺参数，如挤压温度、挤压速度和变形程度；
3. 挤压工具的正确使用和维护；
4. 挤压工具的种类和润滑；
5. 挤压机的基本组成和液压传动原理；
6. 挤压机的操作程序和安全操作注意事项；
7. 生产现场出现的质量问题和解决措施；
8. 安全文明生产知识。

**实习作业：**

1. 根据挤压轴和金属相对运动的方向可将挤压法分为＿＿＿＿＿＿和＿＿＿＿＿＿两种。
2. 挤压过程一般可分为＿＿＿＿＿＿、＿＿＿＿＿＿、＿＿＿＿＿＿三个阶段。
3. 挤压时金属所受到的应力状态为＿＿＿＿＿＿＿＿，变形状态为＿＿＿＿＿＿＿＿。
4. 常用的挤压工具有＿＿＿＿＿＿、＿＿＿＿＿＿、＿＿＿＿＿＿、＿＿＿＿＿＿和挤压垫片五种。
5. 挤压缩尾一般有＿＿＿＿＿＿、＿＿＿＿＿＿、＿＿＿＿＿＿三种。
6. 挤压制品的表面缺陷有＿＿＿＿＿＿、＿＿＿＿＿＿、＿＿＿＿＿＿、＿＿＿＿＿＿等。
7. 我国工厂使用的液压机按传动动力的介质可分为＿＿＿＿＿＿和＿＿＿＿＿＿两种；按挤

压机的结构可分为________、________两种。无论哪种形式的挤压机其结构都由挤压机本体、液压传动系统、辅助机构三部分组成。而挤压机本体又可分为____________、____________、挤压横梁与滑块、返回横梁与拉杆四部分。

8. 按挤压机的传动结构可分为泵－蓄势传动和____________两种。
9. 写出挤压常生产的合金牌号、名称以及产品的规格和状态。

10. 什么叫挤压法，它有哪些特点？

11. 挤压前应做好哪些准备工作？

12. 写出挤压管材的操作程序。

13. 挤压生产时是如何进行润滑的？

14. 挤压工具在使用前为什么要预热，预热温度一般为多高？

15. 写出挤压时的主要废品和产生的原因。

16. 什么叫挤压缩尾，消除和减少挤压缩尾的措施有哪些？

17. 挤压时常用的五种工具其作用各是什么？

18. 写出挤压机的操作注意事项。

19. 写出你所在实习岗位上挤压机的主要技术性能。

20. 画出五种挤压工具的简单结构图。

21. 写出安全生产和质量管理的基本知识。

# 实习三　冷 轧 管

冷轧管法是指内孔套有芯棒的管坯（有挤压或铸造管坯），在周期往复运动的变断面孔型内，实现其外径减缩、壁厚减薄、长度增加的塑性变形的方法。冷轧管法是生产管材最基本的方法之一，它能够充分发挥金属的塑性，使合金在多段孔型中实现高度的分散变形，因此它适合于低塑性难变形合金的管材生产。冷轧管法采用的道次加工率大，可达70% ~90%，延伸系数可达4 ~10，因此可以减少工序（如退火、酸洗、夹头制作、锯切等），节省能耗，降低成本，提高生产效率。但是冷轧管设备结构复杂，投资较高，一些零部件易损坏，轧出的管材表面易出现环状波纹和竹节痕，需经整径拉伸才能出成品。

冷轧管设备种类较多，我国常用的有周期式二辊冷轧管机和多辊冷轧管机。二辊式可分半圆形孔型和环断面孔型两种。二辊式环断面孔型冷轧管机，由于变形区长，可以提高送进量，增大变形程度，提高生产效率，因此近些年在我国管材生产中被广泛采用。冷轧管的工艺参数如送料量、变形程度、孔型间隙、回转角和轧制速度的确定，以及孔型系列的选择等对冷轧管的质量和生产效率等都有着直接的影响。

通过冷轧管实习，主要掌握以下几方面的问题：

1. 冷轧管常生产的合金牌号、名称和规格；
2. 冷轧管时的工艺参数，如送料量、变形程度、孔型间隙、回转角、轧制速度等；
3. 冷轧管使用的工具种类和形状；
4. 冷轧管时的工具润滑和冷却；
5. 冷轧管机的组成和各部件的作用；
6. 冷轧管机的操作程序及其注意事项；
7. 冷轧管生产现场出现的质量问题和解决措施；
8. 正确使用工具、量具和吊具。

**实习作业：**

1. 什么叫冷轧管法，它有哪些特点？

2. 冷轧管时，每一个轧制周期可分为__________、__________、__________、__________四个阶段，金属的主要变形在__________阶段。
3. 冷轧管工艺参数主要包括__________、__________、__________和回转角度。
4. 二辊式冷轧管机工艺调整主要有孔型间隙的调整、__________、__________、__________和轧机速度的调整。
5. 当送料量大于孔型所能容纳的金属体积时，容易造成__________缺陷。
6. 冷轧管机停车时孔型应处于__________位置。
7. 我国生产的周期式二辊冷轧管机的代号为__________，多辊冷轧管机的代号为__________。
8. 写出冷轧管常生产的合金牌号、名称和产品规格。

9. 冷轧管前应做好哪些准备工作？

10. 对冷轧管用管坯有哪些要求？

11. 写出冷轧管机的操作程序。

12. 冷轧管时采用什么样的润滑剂，它起到什么作用？

13. 二辊式冷轧管机上所用的工具有哪几种，它们各自的作用是什么？

14. 冷轧管时易出现哪些废品缺陷，现场师傅是怎么解决的？

15. 写出冷轧管机的操作注意事项。

16. 写出冷轧管机的主要技术性能。

17. 试画出二辊式冷轧管机上工具形状简图。

18. 绘制冷轧管过程示意图。

# 实习四　拉　　伸

拉伸是指金属在拉力作用下，通过断面逐渐减小的模孔，获得与模孔尺寸、形状相同的制品，且使制品断面减小、长度增加的塑性变形的方法。拉伸法是管、棒、型、线材生产中最常用的方法之一。拉伸一般是在冷状态下进行的，对一些常温下强度高、塑性低的金属材料如钨、钼等则采用温拉或热拉。拉伸制品尺寸精确，表面光洁，力学性能高，尤其是强度和硬度。拉伸法生产灵活性大，更换模具方便，故拉伸制品品种规格繁多。拉伸工艺、工具、设备简单，操作维修方便，生产效率高。但是拉伸时道次加工率小，冷作硬化程度高，生产中需配有许多辅助工序（如退火、酸洗、夹头制作、锯切、矫直等）才能够完成。

棒、型材的拉伸较为简单，管材的拉伸方法有空拉、短芯头拉伸、异形管拉伸、游动芯头拉伸（包括内螺纹管拉伸）、扩径拉伸等；线材的拉伸方法有单模拉伸和多模拉伸，还有滑动式拉伸和无滑动式拉伸等。

拉伸设备主要有链式拉伸机（单链、双链）、液压拉伸机、联合拉拔机和圆盘拉伸机。圆盘拉伸机又可分为正立式和倒立式 。随着倒立式圆盘拉伸机上卷筒直径的增大，生产制品的规格也在增大，生产效率大大提高，因此在空调管生产中被广泛使用。

拉伸时道次加工率的分配及正确配模和拉伸润滑等是拉伸工艺的关键问题。

通过拉伸实习，主要掌握以下几方面的问题：

1. 拉伸生产的合金牌号、名称和产品规格；
2. 计算拉伸道次加工率和总加工率；
3. 拉伸机的操作方法和注意事项；
4. 拉伸机的基本组成；
5. 拉伸工具的种类和使用；
6. 学会制作夹头、矫直和锯切的操作；
7. 正确使用工具、量具和吊具；
8. 生产现场出现的质量问题和解决措施。

**实习作业：**

1. 管材的拉伸方法主要有____________、____________、____________、____________和____________。

2. 实现拉伸的条件为____________，安全系数为____________。
3. 制作夹头的设备主要有____________、____________、____________、旋转锻头机等。
4. 拉伸精整的内容包括____________、____________、____________、修理、擦拭和包装。
5. 管、棒材矫直的方法有____________、____________、____________和压力矫直等。
6. 管、棒材的拉伸机主要有____________、____________、____________、____________。
7. 锯切包括：____________、____________、缺陷切除、试样锯切和夹头锯切等。
8. 写出拉伸时常生产的合金牌号、名称和规格。

9. 什么叫拉伸法，它有哪些特点？

10. 拉伸前应做好哪些准备工作？

11. 拉伸 QSn6.5-0.1 锡青铜棒材，从坯料到产品的各道次尺寸变化为 $\phi$17mm→$\phi$14.2mm→$\phi$12mm。试计算各道次延伸系数、道次变形程度、总延伸系数和总变形程度。

12. 拉伸 H68 黄铜合金管材，从坯料到产品的各道次尺寸变化为 $\phi$42mm×2.2mm→$\phi$36mm×1.7mm→$\phi$30mm×1.3mm→$\phi$25mm×1.0mm。试计算各道次延伸系数、道次变形程度、总延伸系数和总变形程度。

13. 有 30 根 $\phi$35mm × 3mm × 5000mm 的 H80 黄铜管，试计算该批料的质量（H80 密度为 8.6g/$cm^3$）是多少？

14. 有一方管尺寸为 16mm × 16mm × 2mm 的 T2 紫铜管，要求每根 30m 长，问每根管的质量为多少公斤，若盘成直径为 1000mm 的盘卷大约多少圈，2500kg 需要绕多少圈？

15. 写出你所在实习岗位拉伸机的操作程序。

16. 拉伸时采用什么润滑剂，对润滑剂有哪些要求？

17. 画出圆形单孔拉伸模的结构简图。

18. 拉伸工具有哪些，它们各自的作用是什么？

19. 链式拉伸机有哪些特点？

20. 倒立式圆盘拉伸机有哪些特点？

21. 实现游动芯头拉伸必须满足哪些条件？

22. 常见的拉伸废品有哪些类型，现场是如何消除的？

23. 拉伸制品为什么要进行矫直？写出矫直机的名称和主要技术性能。

24. 制作夹头的设备有哪些，你会使用哪些设备制作夹头？

25. 管、棒材的锯切有哪几种设备?

26. 矫直机有哪几种类型？分别写出矫直制品的规格范围。

# 附　录

## 附录1　有色金属行业特有工种职业技能鉴定理论试卷

### 一、有色金属行业特有工种职业技能鉴定理论试卷（配料工，高级）

| 题号 | 一 | 二 | 三 | 四 | 五 | 总分 |
|---|---|---|---|---|---|---|
| 得分 | | | | | | |

| 得分 | 评分人 |
|---|---|
| | |

**一、填空题（每空1分，共20分）**

1. 金属从液态转变到固态的过程称为________，这个过程释放____________，合金在相变过程中会发生变化。
2. 紫铜中的杂质和微量元素主要来源于________、________和________，以及压力加工中所产生的废料。
3. 铜合金熔炼时所用的炉料包括：新金属、____________、____________和____________。
4. 硫可以溶解在熔化的铜中，会显著降低铜的____________，给冷加工带来困难。
5. 通常把铜、铜合金分为________、黄铜、________和________。以铜和____________为主要成分的合金称为黄铜，合金第三组元是铝的黄铜称为________。
6. BFe10-1-1的主要成分是镍、____和锰，余量是______。
7. 熔炼品位较高的金属及合金时，应该使用____________的金属作原料，熔炼一般品位的金属及合金时，在不影响产品质量的前提下，可采用____________的金属作原料。
8. 在化学成分允许的范围内，可以适当调整某些合金元素的配料比，以节约______________，降低生产成本。
9. 使用化学废品配料时，需要经严格计算并留有____________________。

| 得分 | 评分人 |
|---|---|
| | |

**二、选择题（每题1分，共20分）**

1. “钟表黄铜”是指（　　）合金

   A. 铝黄铜　　B. 铅黄铜　　C. 锡黄铜　　D. 锰黄铜
2. 铅黄铜具有优良的（　　）性能。

   A. 强度　　B. 切削　　C. 热加工　　D. 焊接
3. Sb是（　　）的化学符号。

   A. 碲　　B. 锡　　C. 锑　　D. 铝
4. 下列（　　）元素在铜合金熔炼过程中，易造成密度偏析从而使熔体成分不均匀。

   A. Fe　　B. Ni　　C. Pb　　D. P
5. 使用酸性耐火材料砌筑的炉子，易引起（　　）种杂质元素积累甚至超标。

A. Mg　B. Ni　C. Si　D. S

6. 在生产 HPb59-1 时，元素（　　）最易烧损，造成其含量降低。

A. Cu　B. Zn　C. Pb　D. Mn

7. 白铜生产时一般容易产生的化废是（　　）。

A. S 高　B. C 高　C. Mn 高　D. Si 高

8. 高工频炉烤炉后最初（　　）个熔次不得使用大的块料。

A. 3　B. 5　C. 10　D. 9

9. 黄铜熔炼时（　　）元素应低温逐块加入，否则将使其剧烈沸腾和大量吸气。

A. 铝　B. 锌　C. 铅　D. 磷

10. T2 的铜含量国标要求是大于（　　）%。

A. 99.95　B. 99.90　C. 99.00　D. 95.90

11. 下列（　　）合金熔炼时不用加覆盖剂。

A. 锡青铜　B. 镉青铜　C. 铬青铜　D. 铝青铜

12. 变质剂在铜合金中的作用，下列表述错误的是（　　）。

A. 降低熔点　B. 细化晶粒　C. 形成质点　D. 均匀分布

13. 晶粒内部化学成分分布不均匀的现象是（　　）。

A. 晶内偏析　B. 密度偏析　C. 区域偏析　D. 反偏析

14. KH62 中的“K”表示（　　）的意思，说明合金对 Fe 有严格要求。

A. 特别　B. 抗磁　C. 耐磨　D. 耐蚀

15. 锡的化学元素符号是（ ）。

A. Se　B. Sb　C. Sn　D. Ti

16. 轻有色金属是指密度小于（　　）$kg/m^3$ 的金属。

A. 3500　B. 4500　C. 5500　D. 6500

17. 标准阳极铜国标规定（Cu + Ag）含量应不小于（　　）。

A. 99.99%　B. 99.97%　C. 99.95%　D. 99.90%

18. 金属塑性与晶格类型有关，塑性最好的是（　　）晶格。

A. 面心立方　B. 体心立方　C. 密排六方　D. 无序排列

19. 金属材料在外力作用下，抵抗塑性变形和断裂的能力，称为（　　）。

A. 硬度　B. 强度　C. 塑性　D. 韧性

20. 铸造过程中一般不产生（　　）废品。

A. 内裂　B. 夹渣　C. 杂质超标　D. 气孔

**三、判断题（正确的填“√”，错误的填“×”。每题 1 分，共 20 分）**

| 得分 | 评分人 |
| --- | --- |
| | |

1. （　　）无氧铜是指紫铜中的含氧量等于零。
2. （　　）铁在铜合金中和硫一样危害性很大。
3. （　　）主要元素是 Cu 和 Ni 的合金就称白铜。
4. （　　）在铜合金中铝含量越高合金越硬。
5. （　　）熔炼时，对于极易氧化烧损的元素，应制成中间合金。
6. （　　）硅的熔点比铜高很多，所以在生产硅青铜时，必须把硅先制成 Cu-Si 中间合金。
7. （　　）配用新料时可以不考虑杂质化废。
8. （　　）锡在黄铜中可以抑制脱锌，提高其力学性能和耐蚀性能。

9. (　　) 惰性气体氮不溶于所有铜合金中。
10. (　　) 生产 H65 时金属锌可以在任何时候加入。
11. (　　) 感应电炉可分为有铁芯感应电炉和无铁芯感应电炉。
12. (　　) 有铁芯感应电炉比无铁芯感应电炉的熔炼温度更高。
13. (　　) 有铁芯感应电炉变料时必须考虑起熔体的质量大小。
14. (　　) 成分合格的电解铜都可以直接进行配料熔炼。
15. (　　) 熔炼青铜时可以代用任何紫铜旧料。
16. (　　) 氢气在铜合金中的溶解量和氧气的含量有关。
17. (　　) 电路或电器着火时要用泡沫灭火器。
18. (　　) 使用外购旧废料时，必须分清牌号，才可直接使用。
19. (　　) 铸锭裂纹产生的直接原因是由于收缩应力产生的结果。
20. (　　) 水平连续铸造与半连续铸造主要区别是一个是水平引锭，另一个是垂直引锭。

## 四、问答题（共24分）

| 得分 | 评分人 |
|---|---|
| | |

1. 生产中对使用的中间合金的要求是什么？(6分)

2. 合理选择各牌号配用新金属品位的意义是什么？(6分)

3. 在开始配料计算前，应先弄清楚哪些情况才可进行？(6分)

4. 如何降低熔炼时的金属损耗？（6分）

## 五、计算题（共16分）

| 得分 | 评分人 |
|---|---|
| | |

1. 生产QSn6. 5-0. 1，每炉投料量为1000kg，安排使用新料，试计算炉料配料量（QSn6. 5-0. 1配料比：Sn6. 5%、P0. 22%、Cu余量；其中使用Cu-P合金，P含量11%）。（6分）

2. 已知炉内有QAl9-2熔体质量1000kg，炉前分析Al含量为10. 2%，Mn含量为2. 1%。试计算出将熔体化学成分调整合格时应加的原料数量（将Al含量调整到9. 2%，Mn含量调整到2. 1%）。（5分）

3. 生产 HPb59-1，炉内熔体 7000kg，炉前分析结果是 Cu 含量 62%，Pb 含量 0.6%。要求将 Cu 含量调整到 59%，Pb 含量调整到 1.5%，应如何处理？（保留整数）（5 分）

## 二、有色金属行业特有工种职业技能鉴定理论试卷（铸造工，高级）

| 题号 | 一 | 二 | 三 | 四 | 五 | 总分 | 统分人 |
|---|---|---|---|---|---|---|---|
| 得分 | | | | | | | |

### 一、填空题（每空 1 分，共 20 分）

| 得分 | 评分人 |
|---|---|
| | |

1. 在我国紫铜又称________，它的密度为________ $kg/m^3$，熔点为________ ℃。
2. 普通黄铜是由 Cu 和________元素组成的合金。在普通黄铜中添加一些其他元素就构成了____________，如 HPb59-1、HSn70-1 等。
3. 白铜是以________为主要添加元素的铜合金。
4. 青铜是除________和________之外的铜合金。
5. 从铸锭的断面上一般可以观察到三个不同的组织区域，即____________、____________和____________。
6. 锡磷青铜锭坯在压力加工之前先要进行____________。
7. 半连续铸造生产中，有时会发生________、________、拉漏、结壳等故障。
8. 铸锭裂纹的种类有纵向裂纹、____________和____________。
9. 低频炉的工作频率为______ Hz，中频炉的工作频率为 2500Hz，高频炉的工作频率为______ Hz。
10. 铜液中脱氧的方法有两种，即扩散脱氧和________，熔炼紫铜及某些铜合金时，在熔体表面覆盖____________，就是典型的扩散脱氧方法。

### 二、判断题（正确的填“√”，错误的填“×”。每题 1 分，共 20 分）

| 得分 | 评分人 |
|---|---|
| | |

1. （　　）铜、镍及其合金属于重有色金属。
2. （　　）无氧铜是指紫铜中的含氧量等于零。
3. （　　）铜锌二元合金相图是共晶相图。
4. （　　）覆盖铜液用的木炭，必须先经过煅烧，否则严禁使用。
5. （　　）黄铜熔炼应坚持“高温加锌”、“逐块加锌”的原则。

6. (　　) 紫铜熔炼的工艺要点是注意减少气体来源，合理控制熔炼温度，保证在木炭覆盖下的静置时间。
7. (　　) 黄铜熔炼时的喷火温度随其锌含量的增加而增高。
8. (　　) 无铁芯感应电炉每次熔炼浇铸后必须留下一定量的金属作为起熔体，否则炉子无法工作。
9. (　　) 无铁芯感应电炉比有铁芯感应电炉的搅拌作用更为强烈。
10. (　　) 连续铸造和半连续铸造相比，最大的优点之一就是可以提高成品率。
11. (　　) 电渣炉熔炼时，一般采用低电压、大电流的供电方式。
12. (　　) 冷却强度越大，结晶速度越快，则晶粒越细小。
13. (　　) 振动铸造法，适合于结晶温度范围较宽的锡磷青铜铸造。
14. (　　) 水平连铸时，结晶器与炉体是紧固在一起的，可避免熔体氧化。
15. (　　) 半连续铸造中，带走热量主要是靠一次冷却，而不是二次冷却。
16. (　　) 冷裂的特征是裂纹呈连续直线状，其断口有金属光泽，有时有轻微氧化色，是穿过晶体断裂。
17. (　　) 铸锭外部富集某些低熔点元素的现象称为正偏析。
18. (　　) 铸锭出现冷隔的原因是铸造温度太高。
19. (　　) 一切有利于铸锭自下而上方向性结晶的因素，都有利于避免铸锭内部疏松缺陷的产生。
20. (　　) 铸锭内部裂纹产生的直接原因是收缩应力。

## 三、选择题（请选择一个正确答案填入题前括号内，每题1分，共20分）

| 得分 | 评分人 |
|---|---|
| | |

1. 纯铜的铜含量不能低于（　　）。
   A. 99.0%　　B. 99.5%　　C. 99.7%　　D. 99.8%
2. 下列牌号属于铝青铜的为（　　）。
   A. B19　　B. QSn6.5-0.1　　C. HPb59-1　　D. QAl9-4
3. 无氧铜熔炼时，采用________覆盖。
   A. 生木炭　　B. 煅烧木炭　　C. 煅烧和生木炭混合　　D. 不用
4. 属于扩散脱氧的是（　　）。
   A. 加Cu-P脱氧　　B. 加镁脱氧　　C. 加锰　　D. 覆盖木炭
5. 请选出不属于降低熔炼损失的途径的选项（　　）。
   A. 尽可能快速熔炼，实现低温扒渣
   B. 严格控制熔炼温度，避免长时间保温
   C. 加强熔体覆盖，防止金属烧损
   D. 扒渣前先使用清渣剂清一下渣
6. 炉前化学成分取样是（　　）。
   A. 金属全部熔化后，即可取样
   B. 熔体经过精炼后，即可取样
   C. 熔体经过精炼、搅拌后，即可取样
   D. 熔体经过精炼、充分搅拌和静止后，即可取样
7. 和有芯炉相比，无芯炉的缺点是（　　）。

A. 熔化速度慢，功率小　　B. 对熔体的搅拌作用没有有芯炉强烈

C. 熔炼温度比有芯炉低　　D. 功率因数低

8. 半连续铸锭表面的纵向裂纹产生的根本原因，除与金属或合金的热脆性质有关外，主要是（　　）。

A. 铸锭出结晶器时，局部表面温度过高

B. 铸锭出结晶器时，局部表面温度过低

C. 铸造速度过快

D. 铸锭表面与结晶器内壁之间的摩擦过大

9. 振动铸造法适合于结晶温度范围宽、收缩率小、易产生反偏析缺陷的（　　）。

A. 锡磷青铜　　B. 铝青铜　　C. 硅青铜　　D. 铬青铜

10. 晶粒内部化学成分分布不均匀的现象是（　　）。

A. 晶内偏析　　B. 密度偏析　　C. 区域偏析　　D. 反偏析

11. 熔炼镍及镍铜合金时，可用（　　）作覆盖剂。

A. 煅烧木炭　　B. 玻璃　　C. 硼砂　　D. 氧化渣

12. （　　）元素单独加入到铜液中，会放出大量的热，使熔体局部升温过高而引起大量吸气和金属严重烧损。

A. 锌　　B. 锡　　C. 铅　　D. 铝

13. 请选出氧化顺序正确的选项（　　）。

A. Zn > Al > Mg > Cu　　B. Mg > Zn > Al > Cu

C. Mg > Al > Zn > Cu　　D. Al > Mg > Zn > Cu

14. 以下哪类合金熔炼时不加覆盖剂（　　）。

A. 铝青铜　　B. 普通黄铜　　C. 铬青铜　　D. 锌白铜

15. 以下哪类合金易出现反偏析（　　）。

A. 铝青铜　　B. 锡磷铜　　C. 铅黄铜　　D. 钴黄铜

16. KH62 中的“K”表示（　　）的意思，说明合金对铁有严格要求。

A. 焊接　　B. 耐磨　　C. 抗磁　　D. 耐蚀

17. 铸锭的表面缺陷不包括（　　）。

A. 夹杂　　B. 冷隔　　C. 裂纹　　D. 疏松

18. 熔体检查的内容不包括（　　）。

A. 化学成分　　B. 含气量　　C. 密度　　D. 温度

19. 白铜熔铸中不易损耗的元素有（　　）。

A. 锰　　B. 铝　　C. 镍　　D. 锌

20. 在熔炼铜及其合金时，常用（　　）元素作脱氧剂。

A. 镁　　B. 磷　　C. 铜　　D. 硅

## 四、简答题（每题6分，共30分）

| 得分 | 评分人 |
|---|---|
| | |

1. 什么叫中间合金？

2. 写出无氧铜熔炼的工艺过程。

3. 熔炼过程中减少熔损的措施有哪些?

4. 铸造过程中防止拉漏的措施有哪些?

5. 简述熔炼生产的一般安全知识。

| 得分 | 评分人 |
| --- | --- |
| | |

## 五、计算题（10分）

试计算每炉投料量为1000kg，配料中使用50%新金属的H65黄铜的配料（对H65旧料补锌1%）。

# 三、有色金属行业特有工种职业技能鉴定理论试卷（轧制原料工，高级）

| 题号 | 一 | 二 | 三 | 四 | 五 | 总分 |
| --- | --- | --- | --- | --- | --- | --- |
| 得分 | | | | | | |

| 得分 | 评分人 |
| --- | --- |
| | |

## 一、填空题（每空1分，共20分）

1. 铜、镍及其合金是属于____________________金属。
2. 合金中根据各组元之间溶解和化合能力的不同，结晶组织中可能出现两大类合金相，它们是_______________和金属化合物。
3. 半连续铸造铸锭的结晶组织由表面细晶粒区、____________、中心等轴晶粒区三个晶粒区组成。
4. 积屑瘤是由于________和前刀面激烈的摩擦而形成的。
5. 青铜对切削过程中产生的___________和___________敏感。
6. HMn58-2黄铜在滑锯上锯切时，采用___________的工艺制度锯切。
7. 影响产品质量的五大因素是：人、机、料、______、环。
8. 根据溶质分子在溶剂晶格中所处的位置不同，固溶体可分为两大类，分别是_______________固溶体和置换固溶体。
9. 滑锯机列的夹紧装置，由双联叶片泵供油，双联叶片泵是同轴的两个泵，一个低压大流量便于缩短____________进退时间，一个高压小流量便于保持________较高的压力。
10. Γφ503龙门铣床的进刀箱的___________机构，可以经过一根轴将工作台快速和慢速进给主蜗杆。
11. Γφ503龙门铣床铣削普通黄铜时主轴转速为___________r/min。
12. 锯片的侧面倒棱具有___________和切割时锯片的导向作用。
13. 锯切加工过程中，切削用量的选择，有意义的是进给量和___________。

14. 乳液在切削过程中所起的作用是：____________，减少摩擦。
15. 使用吊具前必须____________，发现问题，修好后再使用。
16. 质量管理的“三检”指的是专检、互检、____________。
17. 普通黄铜的____________随锌含量的增加、合金结构的转变而降低。
18. 铅黄铜中铅的存在使黄铜的____________显著降低。

| 得分 | 评分人 |
|---|---|
| | |

**二、判断题（对的打“√”，错的打“×”。每题1分，共20分）**

1. (　　) 原子保持原物质分子的性质。
2. (　　) 塑性高的材料，切削加工时容易出带状屑，屑的变形大，材料的冷硬层浅。
3. (　　) 金属组织结构对切屑性能的影响，表现为结晶晶粒大的切削加工性能好。
4. (　　) 铜中加银会显著提高铜的导电性能和导热性能。
5. (　　) 提高铸锭温度，加快铸造速度，提高冷却强度等，都会使铸锭表面与内部温差增大，从而使铸锭内部应力减小。
6. (　　) QAl 9-2 和 QAl 10-3-1.5 的废屑可以混在一起退给原料管理部门。
7. (　　) 塑性大的材料切削加工性好。
8. (　　) 刀具的前角越大则金属变形越大。
9. (　　) 在一般情况下，对切削力影响比较大的是工件材料和切削面积。
10. (　　) 内应力大的铸锭锯切加工性好。
11. (　　) 增大刀具前角，提高切削速度，使用切削液等，都可减少残余应力和加工硬化。
12. (　　) 在相同的切削条件下，切削速度愈低，则刀具的耐用度愈高。
13. (　　) 加工紫铜时总是挑选“黄铜锯片”中品质最好的供其使用。
14. (　　) 在锯切加工过程中，使用正切法锯切时，锯片的旋转方向与铸锭进刀的方向相同。
15. (　　) 在锯切加工过程中，使用反切法锯切时，垂直切削分力的方向指向下方。
16. (　　) 在锯切加工过程中，粗齿锯片适于锯切中硬的空心材料。
17. (　　) $\phi$1430 圆锯片的初切割锯齿的高度比终切割锯齿的高度低 0.3～0.6mm。
18. (　　) 可以用锤击的办法消除坯料表面和端面的缺陷。
19. (　　) 圆锭的浇口和底部必须切除。
20. (　　) 锭坯端面缺陷不允许修理。

| 得分 | 评分人 |
|---|---|
| | |

**三、选择题（在四个选项中选出一个正确的答案，填在题中的括号里，每小题1分，共22分）**

1. 金属的切削加工性是属于金属的（　　）性能。
   A. 物理　　B. 化学　　C. 力学　　D. 工艺
2. 金属铜的晶格结构属于（　　）晶格类型。
   A. 体心立方　　B. 面心立方　　C. 密排六方　　D. 正八面体
3. 滑锯机列锯切过程中，在锯片正常磨损阶段（　　），应及时更换重磨。
   A. 之前　　B. 前期　　C. 后期　　D. 之后
4. $\phi$1430mm 镶齿锯片的锯齿在锯切过程中，能耐（　　）℃的高温。

A. 450　B. 550　C. 650　D. 750

5. 乳液中主要起冷却作用的是（　　）。

A. 水　B. 水溶液　C. 油　D. 油剂

6. 锯片锯齿主后面的表面粗糙度要求达到（　　）μm。

A. 3.2　B. 1.6　C. 0.8　D. 0.4

7. H90 成品铸锭应涂（　　）色。

A. 黄　B. 红　C. 蓝　D. 黑

8. 铸锭端面的（　　）缺陷允许修理。

A. 裂纹　B. 气孔　C. 夹渣　D. 飞边毛刺

9. 锯切黄铜时，选择锯片的前角为（　　）。

A. 8°　B. 12°　C. 18°　D. 22°

10. 青铜在铜合金中切削加工性（　　）。

A. 最好　B. 一般　C. 较差　D. 最差

11. 液压锯床传动系统中，液压油缸内渗入空气会导致锯刀箱（　　）。

A. 正常　B. 停滞　C. 爬行　D. 加速

12. 在工作过程中，刀具磨损的直接原因是（　　）。

A. 发热　B. 摩擦

C. 没有冷却　D. 表面粗糙度高

13. 在扁锯机列进给系统中，当进给电动机转速为 48r/min 时，锯床移动量为（　　）mm/min。

A. 280　B. 320　C. 360　D. 400

14. Γφ503 龙门铣床铣削 HFe59-1-1 铜合金时的吃刀量不大于（　　）mm。

A. 3　B. 4　C. 5　D. 6

15. 电动机转速小于（　　）r/min 时，电动机动力不足，造成电动机时转时停的不稳定现象。

A. 80　B. 60　C. 40　D. 20

16. 滑锯机列旋转减速机变速手柄处在三挡位置时，使锯片旋转一周，电动机的转数为（　　）转。

A. 3.04　B. 4.86　C. 14.35　D. 43.12

17. 锯床机列工作时，要求液压系统压力平稳，无发热，无振动，液压油温度低于（　　）℃。

A. 55　B. 50　C. 45　D. 40

18. 锯床机列工作时，要求电动机运转声音正常，温升不得超过（　　）℃。

A. 45　B. 55　C. 65　D. 75

19. 为了保证安全，吊运扁铸锭时，操作者要站在吊钳（　　）。

A. 下面　B. 侧面　C. 前面　D. 后面

20. 锯切 φ295mm 圆锭时，要求的长度公差是（　　）mm。

A. ±5　B. ±10　C. ±15　D. ±20

21. 使用水平吊钳吊运铸锭时，前后倾斜角不大于（　　）。

A. 5°　B. 10°　C. ±15°　D. ±20°

22. 钢丝绳的实际破断载荷约为理论破断载荷的（　　）。

A. 75%　B. 80%　C. 85%　D. 90%

## 四、问答题（共 28 分）

| 得分 | 评分人 |
| --- | --- |
|  |  |

1. 切削加工中为什么发热磨损比正常的磨损所产生的磨损快而且严重？（6 分）

2. 切削加工中选择切削用量的一般原则是什么？（6 分）

3. 很低的切削速度下，切削时不出现积屑瘤的原因是什么？（4 分）

4. 齿锯片采用高低交叉齿的优点有哪些？（6 分）

5. 积屑瘤在切削加工中的作用有哪些？(6分)

## 五、计算题（10分）

| 得分 | 评分人 |
|---|---|
| | |

在滑锯机列上切削青铜时用低速反切法锯切，当选用170m/min的切削速度和直径为1430mm的青铜锯片锯切加工时，求主轴转速是多少？怎样调整锯床来获得所需的切削速度？(10分)

# 四、有色金属行业特有工种职业技能鉴定理论试卷（金属挤压工，高级）

| 题号 | 一 | 二 | 三 | 四 | 五 | 总分 |
|---|---|---|---|---|---|---|
| 得分 | | | | | | |

## 一、填空题（每空1分，共20分）

| 得分 | 评分人 |
|---|---|
| | |

1. 引起金属材料________、________升高，而塑性、韧性降低的现象称为加工硬化。
2. 金属材料抵抗冲击载荷而不被破坏的能力称为____________。
3. 金属材料产生永久变形而不被破坏的能力，称为____________。
4. 两种或两种以上元素组成的具有____________的物质，称为合金。
5. 使物质内部原子被迫偏离其平衡位置时所产生的力，称为________。
6. 根据挤压轴与金属相对运动的方向，可将挤压法分为________和________两种。
7. 断面为中空的圆形或其他几何形状的加工材称为________。

8. 目前，我国工厂里使用的挤压机按传递动力的介质可分为________和________两大类。
9. 常用的挤压工具有________、________、________、________和挤压垫片等。
10. 挤压缩尾分为________、________和皮下缩尾三种。
11. 无论哪种形式的挤压机，大体上都由________、________、________三部分组成。

**二、判断题：（对的打“√”，错的打“×”，每小题1分，共20分）**

| 得分 | 评分人 |
|---|---|
| | |

1. （ ）忠于职守就是要求把自己职业范围内的工作做好。
2. （ ）塑性加工时，金属变形抗力大，就意味着塑性差。
3. （ ）杂质分布在晶内比分布在晶界对塑性影响大。
4. （ ）高温下的加工是热加工，室温下的加工是冷加工。
5. （ ）基本应力和副应力在变形后都随外力的去除而消失。
6. （ ）挤压强度小的金属比挤压强度大的金属流动均匀。
7. （ ）挤压时金属横断面上的流动速度是中心层大于周边层。
8. （ ）高温下金属的黏性会随着温度升高而增高。
9. （ ）金属的导热系数随金属的温度升高而增大。
10. （ ）铸锭断面温度分布不均匀，会使挤压的不均匀变形加剧。
11. （ ）挤压时，在其他条件不变的情况下，若内摩擦比外摩擦作用显著，则金属流动均匀。
12. （ ）采用平模挤压与采用锥模挤压相比，可使金属流动均匀。
13. （ ）变形程度的大小与挤压比有关，挤压比越大，则变形程度也越大。
14. （ ）挤压制品的表面撕裂与挤压速度过快有关，而与挤压工具预热温度无关。
15. （ ）当其他条件一定时，挤压比的大小与模孔直径有关，模孔直径越大，其挤压比也越大。
16. （ ）挤压时黏性大的金属比黏性小的金属流动均匀。
17. （ ）采用单孔型材模挤压时，原则是把型材的重心配置在挤压中心线上。
18. （ ）挤压缩尾产生的主要原因是金属流动不均匀。
19. （ ）多孔模挤压时，要求所有模孔中心应设置在一个同心圆上。
20. （ ）挤压轴与挤压筒中心调整时，是以挤压筒中心为基准，调整挤压轴。

**三、选择题（在各题的四个选项中，选出一个正确答案，将代号填入括号内，每题1分，共20分）**

| 得分 | 评分人 |
|---|---|
| | |

1. 安全生产规章制度是统一全体职工行动的（ ）。
   A. 标准　B. 规定　C. 原则　D. 准则
2. 铜、镍是属于（ ）晶格类型的金属。
   A. 体心立方　B. 面心立方　C. 密排六方　D. 偏六方
3. （ ）合金是以“钟表黄铜”而著称的。
   A. 铅黄铜　B. 铝黄铜　C. 锡黄铜　D. 硅黄铜

4. 最有利于发挥金属塑性的加工方法是（　　）。
A. 轧制　B. 挤压　C. 拉伸　D. 锻造
5. 随着变形程度增加、金属的塑性（　　）。
A. 增加　B. 降低　C. 不变　D. 不确定
6. 脱皮挤压可以减少（　　）缺陷的产生。
A. 挤压裂纹　B. 挤压缩尾　C. 偏心　D. 尺寸不合格
7. （　　）属于R状态的管材。
A. 挤制管　B. 冷轧管　C. 拉伸管　D. 盘管
8. （　　）是挤压时特有的缺陷。
A. 划伤　B. 尺寸超差　C. 挤压缩尾　D. 性能不合格
9. 挤压时，金属的变形状态为（　　）。
A. 二向压缩、一向延伸　B. 一向压缩、二向延伸
C、一向压缩、一向延伸　D. 三向压缩
10. 加热镍及镍合金时，当煤气中的硫含量大于0.03g/L时，硫可渗入到铸锭内部，与镍生成$Ni_3S_2$，这种化合物是疏松的，在挤压制品中可见（　　）组织。
A. 层状　B. 纤维状　C. 再结晶状　D. 蜂窝状
11. 为使金属在挤压时变形均匀，应保证变形程度必须大于（　　）。
A. 90%　B. 85%　C. 80%　D. 75%
12. 加热铜、镍及其合金时，一般都采用（　　）气氛。
A. 氧化性　B. 微氧化性　C. 还原性　D. 中性
13. 紫铜属于（　　）的金属。
A. 易挤压　B. 正常挤压　C. 异常挤压　D. 难挤压
14. （　　）在挤压时加热温度高，变形抗力大、黏度大，应当采用玻璃润滑，及感应炉加热为最恰当。
A. 紫铜　B. 黄铜　C. 铅青铜　D. 白铜、镍合金
15. 挤压前应对挤压工具进行预热，预热温度一般为（　　）。
A. 200℃　B. 300℃　C. 300～350℃　D. 400℃
16. 挤压锥模的模角为（　　）。
A. 90°　B. 60°　C. 45°　D. 25°
17. 确定挤压模直径时，与下列因素（　　）基本无关。
A. 产品名义尺寸和公差范围　B. 挤制品的收缩系数
C. 挤压温度　D. 变形程度
18. 当挤压内径$\phi \leq 20 \sim 30$mm的管材时，为提高穿孔针的抗弯能力和抗拉强度，应选用（　　）穿孔针。
A. 圆柱形　B. 瓶式　C. 锥形　D. 内冷式
19. 挤压比的大小与（　　）无关。
A. 挤压筒直径　B. 模孔直径　C. 模孔数目　D. 铸锭长度
20. 在卧式挤压机上，挤压轴的直径一般比挤压筒的内径小（　　）mm。
A. 1～2　B. 2～3　C. 3～5　D. 4～10

## 四、简答题（共24分）

| 得分 | 评分人 |
| --- | --- |
| | |

1. 什么叫弹塑共存定律？（3分）

2. 什么是挤压比？（4分）

3. 减少和消除挤压缩尾的措施有哪些？（6分）

4. 什么叫挤压力，影响挤压力的因素有哪些？（6 分）

5. 油压机具有哪些特点？（5 分）

## 五、作图与计算（共 16 分）

| 得分 | 评分人 |
|---|---|
| | |

1. 什么叫变形力学图？画出挤压、轧制、拉伸时的变形力学图。（8 分）

2. 在 30MN 油压机上，挤压规格为 $\phi$76mm × 8mm × 13000mm 的 HSn70-1 黄铜管，采用挤压筒的直径为 $\phi$250mm，计算挤压比、变形程度和选择铸锭的长度（切头、尾长分别为 200mm、300mm，压余厚度为 30mm）。（8 分）

## 五、有色金属行业特有工种职业技能鉴定理论试卷
（金属轧制工，铜板带，高级）

| 题号 | 一 | 二 | 三 | 四 | 五 | 总分 |
|---|---|---|---|---|---|---|
| 得分 | | | | | | |

### 一、填空题（每空1分，共20分）

| 得分 | 评分人 |
|---|---|
| | |

1. 职业道德是指从事一定职业的人，在工作和劳动过程中所应遵守与其职业活动紧密联系的________________和规范的总和。
2. 引起材料强度、硬度升高而塑性、韧性降低的现象称为____________。
3. 板带材轧制过程可分为____________、____________、____________三个阶段。
4. 板材可采用________和________两种方法生产。
5. 重有色金属板、带材生产，大部分铸锭采用________开坯，对具有热脆性的合金可采用______开坯。
6. 连轧机要保证正常轧制，必须保证金属通过每个机架的________相等。
7. 热轧就是金属或合金在____________________的轧制。
8. 根据冷轧目的不同，一般将冷轧分为开坯冷轧、________、________和________四大类。
9. 板形的主要废品有____________、____________、____________和侧向弯曲四种。
10. 轧辊是由____________、____________和____________三部分组成的。

### 二、判断题（对的打“√”，错的打“×”，每题1分，共20分）

| 得分 | 评分人 |
|---|---|
| | |

1. （　　）奉献社会是职业道德中的最高境界。
2. （　　）塑性加工时，金属的变形抗力大，就意味着塑性差。
3. （　　）金属在结晶时，晶核越多，晶粒就越细小。
4. （　　）基本应力在变形后都随外力的去除而消失。
5. （　　）塑性加工中，由于条件的改变引起应力状态的变化，必然引起金属变形抗力的变化。
6. （　　）金属在高温下的加工属于热加工，在常温下的加工属于冷加工。
7. （　　）在轧制过程中，同时存在着前滑和后滑现象。
8. （　　）将铸锭或锭坯经过一系列生产工序，按次序排列起来，称为生产产品的生产流程。
9. （　　）轧制过程是指金属材料在旋转的一对轧辊之间，受压缩而产生的塑性变形的过程。
10. （　　）$\phi$850mm×1500mm二辊轧机可以生产宽1500mm的带材。
11. （　　）半硬态的制品只能通过成品退火获得。
12. （　　）其他条件相同时，轧辊直径越大，越易于咬入。
13. （　　）连轧机的各机架的轧速应相等。
14. （　　）前张力使轧制力减小，后张力使轧制力增大。
15. （　　）轧制速度提高，则有利于轧件的咬入。
16. （　　）加热时有过热现象的合金，热轧时易出现热轧裂纹。
17. （　　）退火前的冷变形量越大，退火后的晶粒平均直径就越大 。

18.（　　）对需要退火的料卷，最后道次的张力不能太大，以免退火时局部黏结。
19.（　　）冷轧过程需要控制辊形，热轧过程不必要控制辊形。
20.（　　）板带生产过程中，所有金属都必须经过热轧后才能进入其他生产工序。

## 三、选择题（在四个选项中，选出一个正确的答案，填在括号里，每题1分，共20分）

| 得分 | 评分人 |
| --- | --- |
| | |

1. 文明生产是对领导的思想作风、管理水平和职工（　　）的综合反映。
A. 齐心协力　B. 技术水平　C. 基本功　D. 精神面貌
2. 重有色金属是指密度大于（　　）$g/cm^3$ 的有色金属。
A. 3.5　B. 4.5　C. 5.5　D. 8.9
3. 金属材料在外力作用下，抵抗塑性变形和断裂的能力，称为（　　）。
A. 硬度　B. 强度　C. 塑性　D. 韧性
4. 在体应力状态中，最有利于发挥金属塑性的是（　　）状态。
A. 三向拉应力　B. 二向拉应力、一向压应力
C. 三向压应力　D. 二向压应力、一向拉应力
5. 随变形温度的升高，金属的变形抗力（　　）。
A. 增大　B. 降低　C. 不变　D. 不确定
6. 轧辊直径越小，（　　）。
A. 越有利于咬入　B. 宽展越大
C. 能生产更薄的产品　D. 前滑值越大
7. 锡磷青铜铸坯进行均匀化退火的目的是（　　）。
A. 消除密度偏析　B. 消除枝晶偏析
C. 消除区域偏析　D. 消除表面黏附杂质
8. C2680是由（　　）组成的二元合金。
A. 铜35%，锌65%　B. 铜65%，锌35%
C. 铜65%，镍35%　D. 铜65%，锡35%
9. 除（　　）之外的铜合金，均称为青铜。
A. 紫铜和黄铜　B. 黄铜和白铜
C. 紫铜和白铜　D. 白铜
10. 建立轧制过程的咬入条件是（　　）（$\alpha$ 为咬入角，$\beta$ 为摩擦角）。
A. $\alpha>\beta$　B. $\alpha<\beta$　C. $\alpha<2\beta$　D. $\alpha>2\beta$
11. 前张力增加时，（　　）。
A. 轧制力增加　B. 宽展增加
C. 前滑值增加　D. 后滑值增加
12. 冷轧就是金属或合金在（　　）的轧制。
A. 常温下　B. 高温下
C. 再结晶温度以上　D. 再结晶温度以下
13. 冷、热加工的区别在于加工后是否存在（　　）。
A. 加工硬化　B. 晶格改变　C. 铸造组织　D. 纤维组织
14. 轧件轧出厚度不仅取决于轧辊辊缝大小，而且还取决于（　　）。
A. 液压装置　B. 轧机与轧件的弹性变形

C. 坯料厚度　　D. 机架高度

15. 轧制时，金属的出辊速度比轧辊圆周的线速度（　　）。

A. 大　　B. 小　　C. 相等　　D. 不确定

16. 冷轧轧辊通常情况下预磨成有一定（　　）形的辊身。

A. 凸度　　B. 平　　C. 凹度　　D. 任意

17. 最有利于发挥金属塑性的压力加工方法是（　　）。

A. 轧制　　B. 挤压　　C. 拉伸　　D. 锻造

18. 对于同一金属及合金进行冷加工时，影响变形抗力的主要因素是（　　）。

A. 变形温度　　B. 变形速度

C. 变形状态　　D. 变形程度

19. 镰刀弯属于（　　）产品缺陷。

A. 性能不合格　　B. 板形不良

C. 表面缺陷　　D. 厚度超差

20. 划伤擦伤属于（　　）。

A. 性能不合格　　B. 板形不良

C. 表面缺陷　　D. 厚度超差

## 四、问答题（共22分）

| 得分 | 评分人 |
| --- | --- |
| | |

1. 什么是最小阻力定律？（5分）

2. 生产板、带材的基本工序有哪些？（5分）

3. 冷轧时波浪产生的原因是什么？（6分）

4. 张力在轧制过程中有何作用？（6分）

## 五、计算题（18分）

| 得分 | 评分人 |
| --- | --- |
|  |  |

1. 某产品的工艺流程如下：铸锭加热（210mm）→热轧（15mm）→铣面（14mm）→初轧（2.4mm）→中轧（1.0mm）→切边→精轧（0.25mm）→退火→剪切，计算热轧总加工率、冷轧总加工率和成品加工率。（10分）

2. 什么是变形力学图？试画出挤压、轧制、锻造和拉伸时的变形力学图。(8 分)

## 六、有色金属行业特有工种职业技能鉴定理论试卷（金属拉拔工，高级）

| 题号 | 一 | 二 | 三 | 四 | 五 | 总分 |
| --- | --- | --- | --- | --- | --- | --- |
| 得分 | | | | | | |

| 得分 | 评分人 |
| --- | --- |
| | |

**一、填空（每空 1 分，共 20 分）**

1. 我国的安全生产方针是____________________。
2. 金属材料在外力作用下表现出来的特性称为____________，它包括________、________、________韧性等。
3. 多晶体的变形可分为____________和晶间变形。
4. 理论结晶温度与实际结晶温度之差，称为____________。
5. 金属从液态到固态转变的过程称为__________。
6. 空拉管按其使用目的可分为____________、____________和____________三种。
7. 在拉伸过程中，坯料的________减小而____________增加。
8. 管材拉伸方法有空拉、____________、____________、____________和扩径拉伸。
9. 管、棒材拉伸机主要有________________、卷筒拉伸机、________________和液压拉伸机。
10. 在拉伸铜和铜合金时常用的润滑剂有________________和________________。

| 得分 | 评分人 |
| --- | --- |
| | |

**二、判断题（请将判断结果填入题前的括号内，正确的填“√”，错误的填“×”，每题 1 分，共 20 分）**

1. (　　) 从业者从事职业的态度是价值观、道德观的具体表现。
2. (　　) 金属发生塑性变形时，静水压力值越大，越有利于发挥其塑性。
3. (　　) 金属的晶粒越细小，结构越致密，常温下力学性能越高。
4. (　　) 体心立方晶格金属比面心立方晶格金属塑性好。
5. (　　) 金属铜、镍、铝、镁都属于面心立方晶格结构。
6. (　　) 对内表面要求高的管材制品，成品拉伸道次不宜采用空拉。
7. (　　) 短芯头拉伸时，拉出的管材内径等于芯头直径。
8. (　　) 长芯杆拉伸时，内表面摩擦力的方向与芯杆运动方向相同，因此减小了拉伸力。
9. (　　) 游动芯头的大圆柱部分必须小于模孔直径。

10. （　　）用游动芯头拉管时，拉伸力比固定短芯头小。
11. （　　）在空拉时，当 $D/S>5\sim6$ 时，管材的壁厚增加。
12. （　　）再结晶温度退火是用来消除冷变形中的加工硬化，使金属恢复原有塑性以利于继续加工。
13. （　　）为节约热源，不同牌号、规格、状态的制品，可以在同一炉中退火。
14. （　　）任何制品在退火后的热状态均可直接放入酸槽进行酸洗。
15. （　　）在同一加工率情况下，拉伸道次越多，则不均匀变形越显著。
16. （　　）变形抗力大的金属就意味着塑性差。
17. （　　）配制酸液时，要先向酸槽中注入一定比例的水，然后再缓慢的注入酸。
18. （　　）拉伸模角过大或过小同样会使拉伸力增大。
19. （　　）无芯感应电炉在每次熔炼浇铸后，必须留下一定量的金属作为起熔体，否则炉子无法工作。
20. （　　）扩径后的管材，长度变短，壁厚稍有变薄，壁厚的不均匀性会增加。

## 三、选择题（请在四个选项中选出一个正确答案，将代号填入括号中，每题1分，共20分）

| 得分 | 评分人 |
| --- | --- |
| | |

1. 重有色金属是指密度大于（　　）$g/cm^3$ 的金属。
   A. 3.5　　B. 4.5　　C. 5.5　　D. 6.5
2. 金属材料在外力作用下，抵抗塑性变形和断裂的能力，称为（　　）。
   A. 硬度　　B. 强度　　C. 塑性　　D. 韧性
3. 金属塑性与晶格类型有关，塑性最好的是（　　）晶格。
   A. 面心立方　　B. 体心立方　　C. 无序排列　　D. 密排六方
4. （　　）合金是以“海军黄铜”而著称的。
   A. 铅黄铜　　B. 铝黄铜　　C. 锡黄铜　　D. 硅黄铜
5. 最有利于发挥金属塑性的压力加工方法是（　　）。
   A. 轧制　　B. 挤压　　C. 拉伸　　D. 锻造
6. 随变形温度的增高，金属的变形抗力（　　）。
   A. 增大　　B. 降低　　C. 不变　　D. 不确定
7. 在体应力状态下，最有利于发挥金属塑性的是（　　）状态。
   A. 三向拉应力　　B. 二向拉应力、一向压应力
   C. 三向压应力　　D. 二向压应力、一向拉应力
8. 对于同一金属和合金进行冷加工时，影响变形抗力的主要因素是（　　）。
   A. 变形温度　　B. 变形速度　　C. 变形状态　　D. 变形程度
9. NCu28-2.5-1.5 属于（　　）合金。
   A. 白铜　　B. 青铜　　C. 镍铜　　D. 黄铜
10. HPb59-1 铅含量是（　　）。
    A. 约59%　　B. 约1%　　C. 约40%　　D. 余量
11. 工频感应电炉是以（　　）Hz 的交流电作电源的。
    A. 50　　B. 1000　　C. 100　　D. 2500
12. 感应电炉熔炼紫铜时，用（　　）作覆盖剂。
    A. 煅烧木炭　　B. 玻璃　　C. 硼砂　　D. 氧化渣

13. 一般管材拉伸模的模角为（　　）。

A. 6°　　B. 12°　　C. 16°　　D. 24°

14. 下面（　　）不属于空拉目的。

A. 减径　　B. 减壁　　C. 整径　　D. 成型

15. 拉伸变形过程中，金属所受的应力状态为（　　）。

A. 三向压应力　　B. 三向拉应力

C. 二向压应力、一向拉应力　　D. 一向压应力、二向拉应力

16. 消除内应力退火又称为（　　）。

A. 均匀化退火　　B. 低温退火　　C. 成品退火　　D. 完全退火

17. 采用游动芯头拉伸时，为保证其稳定性，芯头的锥角必须是（　　）。

A. $\beta<\alpha$　　B. $\beta=\alpha$　　C. $\beta>\alpha$　　D. $\beta\leqslant\alpha$

18. 再结晶温度以上的退火可以获得（　　）状态制品。

A. R　　B. Y　　C. $Y_2$　　D. M

19. 不均匀变形会使拉伸制品产生内应力，如将拉伸后的（　　）合金管、棒材放在含有氨或汞的介质中易产生裂纹或断裂。

A. 紫铜　　B. 黄铜　　C. 青铜　　D. 白铜

20. 拉伸模的模角指的是（　　）的锥角。

A. 润滑区　　B. 变形区　　C 定径区　　D. 出口区

## 四、计算题（共14分）

| 得分 | 评分人 |
|---|---|
| | |

1. 拉伸 $\phi$25mm × 1mm 冷凝管材，坯料规格为 $\phi$38mm × 3mm，拉伸工艺为 $\phi$38mm × 3mm→$\phi$34mm × 2mm→$\phi$28mm × 1.4mm→$\phi$25mm × 1.0mm，试计算各道次延伸系数和变形程度。（8分）

2. 欲轧制三根成品规格为 $\phi$52mm × 2.2mm × 6000mm 的白铜管材，试求需要 $\phi$60mm × 2.8mm 的坯料多长？（取切头尾长度均为300mm）（6分）

## 五、简答题（共26分）

| 得分 | 评分人 |
|---|---|
|  |  |

1. 什么是弹塑共存定律？（5分）

2. 生产中“三不伤害”是什么内容？（3分）

3. 拉伸法具有哪些优点？（4分）

4. 写出拉伸配模的基本原则。（6分）

5. 在拉伸过程中，产生跳车环的原因有哪些？（8 分）

## 七、有色金属行业特有工种职业技能鉴定理论试卷（金属热处理工，高级）

| 题号 | 一 | 二 | 三 | 四 | 五 | 总分 |
|---|---|---|---|---|---|---|
| 得分 | | | | | | |

| 得分 | 评分人 |
|---|---|
| | |

### 一、填空题（每空 1 分，共 20 分）

1. 金属中常见的晶格类型有__________、__________和__________三种。铜、铝、镍均属于__________晶格类型。
2. 金属的结晶过程是由__________和__________两个基本过程组成的。
3. 多晶体是由__________、__________和__________各不相同的许多晶粒通过__________联结而成为一体的。
4. 我国的安全生产方针是______________。
5. 热处理过程一般由__________、__________、__________三个阶段组成。
6. 金属在再结晶温度以下的加工称为______________。
7. 技术条件包括技术标准和______________。
8. 均匀化退火的目的是减少__________，得到均匀的显微组织。
9. 金属从液态到固态的转变过程称为______________。
10. 变形晶体内，晶格畸变逐渐降低的过程称为______________。
11. 产品的力学性能不仅与退火温度有关，而且与退火_______有密切关系。

| 得分 | 评分人 |
|---|---|
| | |

### 二、判断题（对的打“√”，错的打“×”，每题 1 分，共 20 分）

1. （　　）金属结晶时的过冷度越大，结晶后的晶粒越细小。
2. （　　）所有金属材料都可以发生同素异构转变。
3. （　　）再结晶不是相变，它只是一种组织变化。
4. （　　）半硬状态的产品只能通过完全退火之后再控制加工率而获得。
5. （　　）淬火转移时间应尽量缩短，否则使过饱和固溶体分解。
6. （　　）能自然时效硬化的铝合金，都没有回归现象。
7. （　　）固溶体的晶格类型与溶质晶格类型相同。
8. （　　）回复可完全消除内应力。

9. （　　）对热处理不能强化的金属，加工硬化是强化的重要手段。
10. （　　）锡磷青铜制品退火，必须缓慢加热。
11. （　　）特殊黄铜是不含锌元素的黄铜。
12. （　　）冷加工后的黄铜合金管、棒材制品必须及时退火。
13. （　　）退火的装炉量、工件尺寸与退火温度有关，与保温时间无关。
14. （　　）热加工是指再结晶温度以上的加工过程。
15. （　　）加工铜合金时为了消除应力腐蚀，必须进行低温退火。
16. （　　）金属材料的屈服极限越低，则允许的作用应力越高。
17. （　　）铸锭均匀化退火时原子扩散主要是在晶界进行的。
18. （　　）金属化合物的性质硬而脆，熔点高，导电性好。
19. （　　）变形铝合金都不能进行热处理强化。
20. （　　）一般金属的滑移系越多，塑性越好，加工硬化率越低。

## 三、选择题（每题1分，共20分）

| 得分 | 评分人 |
|---|---|
| | |

1. 退火前，变形量越大，则结晶后晶粒（　　）。
A. 越细小　B. 越粗大　C. 不变　D. 不确定
2. 单相系比两相系和多相系的塑性（　　）。
A. 高　B. 低　C. 不变　D. 不确定
3. 单位面积上的内力称为应力，应力的单位可用（　　）。
A. N　B. $mm^2$　C. MPa　D. $kN/mm^3$
4. 1兆帕（MPa）等于1（　　）。
A. $N/mm^2$　B. $N/cm^2$　C. $N/m^2$　D. $MN/mm^2$
5. 中间退火的目的是消除（　　）的影响。
A. 包晶偏析　B. 晶内偏析　C. 匀晶偏析　D. 冷作硬化
6. 铸锭均匀化退火不能消除或减轻（　　）。
A. 密度偏析　B. 晶内偏析　C. 枝晶偏析　D. 包晶偏析
7. 低温退火的温度范围在（　　）。
A. 再结晶以上　B. 再结晶终了以下
C. 再结晶开始和终了之间　D. 任意温度
8. 铜镍及其合金热处理不能强化，主要热处理方式为（　　）。
A. 淬火　B. 回火　C. 正火　D. 退火
9. 在镁锌锆系合金中加入少量的（　　）能细化晶粒，提高强度。
A. 镁　B. 锌　C. 锆　D. 其他杂质
10. 在加工温度范围内有两相共存会使金属的塑性（　　）。
A. 降低　B. 提高　C. 不变　D. 不确定
11. 在晶格中能够完全代表晶格特征的最小单元称为（　　）。
A. 晶体　B. 晶胞　C. 晶粒　D. 晶界
12. 金属的实际结晶温度均（　　）理论结晶温度。
A. 高于　B. 等于　C. 低于　D. 相当于
13. 再结晶时希望得到（　　）组织。
A. 粗等轴晶粒　B. 细晶粒　C. 柱状晶粒　D. 任意晶粒

14. 杂质分布在晶内比分布在晶界对塑性的影响（　　）。

A. 大　　B. 小　　C. 不变　　D. 不确定

15. 合金牌号 1060 表示的含义是（　　）。

A. 纯铝，铝含量为 99.60%

B. 纯铝，铝含量不超过 99.60%

C. 纯铝，铝含量不低于 99.60%

D. 纯铝，杂质含量不超过 0.60%

16. 在两组元固态互溶的合金中，当溶质元素减少时合金的临界切应力（　　）。

A. 增大　　B. 减少　　C. 不变　　D. 不确定

17. 金属的塑性与晶格类型有关，塑性最好的是（　　）。

A. 面心立方晶格　　B. 体心立方晶格　　C. 密排六方晶格　　D. 偏六方晶格

18. 调质处理就是淬火后再进行（　　）。

A. 低温回火　　B. 中温回火　　C. 高温回火　　D. 冷处理

19. 再结晶温度以上的退火可以获得（　　）状态产品。

A. R　　B. M　　C. $Y_2$　　D. Y

20. 组成合金的最基本的独立物质称为（　　）。

A. 相　　B. 组元　　C. 组织　　D. 溶剂

## 四、名词解释（每题 4 分，共 16 分）

| 得分 | 评分人 |
| --- | --- |
|  |  |

1. 成品退火：

2. 回复：

3. 固溶强化：

4. 时效：

| 得分 | 评分人 |
| --- | --- |
|  |  |

## 五、问答题（共24分）

1. 为什么要细化晶粒，细化晶粒的方法有哪些？（8分）

2. 什么叫热处理，热处理的方法有哪些？（8分）

3. 冷加工对金属的组织和性能有哪些影响?(8 分)

## 八、有色金属行业特有工种职业技能鉴定理论试卷(精整工,铜板带,高级)

| 题号 | 一 | 二 | 三 | 四 | 五 | 总分 |
|---|---|---|---|---|---|---|
| 得分 | | | | | | |

| 得分 | 评分人 |
|---|---|
| | |

### 一、填空题(每空 1 分,共 20 分)

1. 金属材料在外力的作用下表现出来的特性,称为__________,它包括________、________、________和韧性。
2. 金属材料抵抗冲击载荷而不被破坏的能力称为________。
3. 我国的安全生产方针是____________________。
4. 用于定尺剪切运行中的金属剪切机构是__________。
5. 两种或两种以上元素组成的具有金属特性的物质称为__________。
6. 在同一张板材上,厚度不均匀时,其厚度的差值称为__________。
7. 精整工序主要包括__________、__________、__________、成品检验和包装。
8. 铜及铜合金板、带材常用的矫直方法有__________、__________和__________。
9. 板、带材剪切可分为________、________、________、中断和成品剪切等。
10. 板、带材的剪切设备包括__________、平刃剪、__________和飞剪等。

| 得分 | 评分人 |
|---|---|
| | |

### 二、选择题(请在四个选项中选出一个正确答案,填入括号内,每题 1 分,共 20 分)

1. 纯铜的铜含量不能低于(　　)。
   A. 99.0%　　B. 99.5%　　C. 99.7%　　D. 99.8%
2. 铜和铝的密度分别是(　　)。
   A. 8.9 和 7.2　　B. 8.9 和 2.7　　C. 9.8 和 7.2　　D. 9.8 和 2.7
3. 材料在外力作用下,抵抗塑性变形和断裂的能力,称为(　　)。
   A. 强度　　B. 硬度　　C. 韧性　　D. 塑性
4. 同一种金属及合金冷变形时对变形抗力影响最明显的因素是(　　)。
   A. 变形速度　　B. 变形温度　　C. 变形程度　　D. 摩擦系数

5. 金属材料抵抗比它更硬物体压入的能力称为（　　）。
A. 硬度　　B. 强度　　C. 塑性　　D. 韧性
6. 金属塑性与晶格类型有关，塑性最好的是（　　）晶格。
A. 面心立方　　B. 体心立方　　C. 密排六方　　D. 无序排列
7. 金属塑性变形时，正是因为遵循了（　　），描述其变形状态，主变形状态图只能有三种。
A. 弹塑性共存定律　　B. 体积不变定律
C. 最小阻力定律　　D. 切应力
8. 软状态的产品可通过（　　）的方法获得。
A. 淬火　　B. 时效
C. 完全再结晶退火　　D. 去应力退火
9. 变形温度升高，金属的变形抗力（　　）。
A. 增大　　B. 降低　　C. 不变　　D. 不确定
10. 变形程度增大，金属的变形抗力（　　）。
A. 增大　　B. 降低　　C. 不变　　D. 不确定
11. 应力状态中，最有利发挥金属塑性的是（　　）。
A. 三向拉应力　　B. 三向压应力
C. 二向拉应力、一向压应力　　D. 二向压应力、一向拉应力
12. 带材由6.0mm轧制到1.2mm，流程为：轧制（6.0mm→4.2mm→3.0mm→2.4mm）→中间退火→轧制（2.4mm→1.7mm→1.2mm），则其成品总加工率为（　　）。
A. 80%　　B. 50%　　C. 60%　　D. 70%
13. 表面清理不包括（　　）。
A. 脱脂处理　　B. 蚀铣　　C. 铣面　　D. 封孔处理
14. 轧件轧出厚度不仅取决于轧辊辊缝的大小，而且还取决于（　　）。
A. 坯料厚度　　B. 液压装置
C. 机架高度　　D. 轧机与轧件的弹性变形
15. 不合格产品控制的目的是（　　）。
A. 使顾客满意　　B. 减少质量损失
C. 防止不合格品的非法预期使用　　D. 合格品
16. 轧制带材退火后表面产生油斑的原因分析错误的是（　　）。
A. 工艺润滑油中杂油含量过高，特别是分子链较长的重油
B. 轧制油使用时间太长，润滑油氧化严重
C. 带材表面带油过多，清带器效果不佳
D. 油品中添加剂含量过低
17. 下列各组金属中，（　　）组属于重有色金属。
A. Cu　Zn　Cr　　B. Cu　Pb　Zn　　C. Ag　Sn　Ni　　D. Mn　Cu　Al
18. 板、带材矫直的方法不包括（　　）。
A. 辊式矫平　　B. 拉伸矫平　　C. 拉伸弯曲矫平　　D. 双曲线矫直
19. 发生事故隐患后，应按下列哪条原则进行处理（　　）。
A. 三定四不推　　B. 三不放过　　C. 四不放过　　D. 三同时
20. 有10.0mm厚板坯轧制到5.5mm的板材，其变形程度为（　　）。
A. 45%　　B. 40.75%　　C. 38.65%　　D. 48.35%

三、判断题（请将判断结果填在括号内，对的打“√”，错的打“×”，每题1分，共20分）

| 得分 | 评分人 |
| --- | --- |
| | |

1.（　）热爱本职，忠于职守的具体要求是认真履行岗位职责。
2.（　）我们说某金属的熔点较低指的是该金属的化学性能。
3.（　）体心立方晶格金属比面心立方晶格金属塑性好。
4.（　）塑性加工时，金属的变形抗力越大，意味着金属的塑性越差。
5.（　）塑性加工中，由于其他条件的改变可能引起应力状态的变化，这样一定引起金属变形抗力的改变。
6.（　）辊式矫直机工作时，其入口处上、下辊之间的间隙略小于或等于板材厚度。
7.（　）热轧产品力学性能与合金化学成分有关，与热轧加工无关。
8.（　）矫直时最大张应力值不能大于或等于金属的屈服极限。
9.（　）辊式矫直机工作辊辊数越多，直径越细，被矫直的板、带材就越厚。
10.（　）生产软状态或半硬状态产品，常采用先剪切后退火的工艺，有利于提高切口质量，便于操作。
11.（　）圆盘剪主要适合于把带材切成板材。
12.（　）无论增加前张力还是后张力，都会使轧制力降低。
13.（　）剪切的主要工艺参数是刀盘厚度。
14.（　）在有色金属生产过程中，所有金属都必须经过热轧后才能进入其他生产工序。
15.（　）拉弯矫的原理是：被矫带材通过连续拉伸弯曲矫平机时，受张力辊形成的拉力和弯曲辊形成的弯曲应力所叠加的合力作用，使带材产生一定的弹性延伸，消除残余应力，改变不均匀变形状态而被矫平。
16.（　）矫直力越大，制品矫得越直、质量越好。
17.（　）张力矫直是靠拉力的作用，将制品拉到一定长度以达到矫直的目的。
18.（　）矫直板材时，多辊矫直机的压下量应根据板材的实际厚度调整，与波浪的大小程度和位置无关。
19.（　）技术条件包括技术标准和技术协议等。
20.（　）矫直时制品尺寸几乎没有发生变化，因此没有发生塑性变形。

四、简答题（每小题4分，共16分）

| 得分 | 评分人 |
| --- | --- |
| | |

1. 塑性：

2. 加工硬化：

3. 精整：

4. 成品剪切：

## 五、综合题（24分）

| 得分 | 评分人 |
| --- | --- |
| | |

1. 写出你所在岗位的精整工序？（3分）

2. 铣面用于哪道工序之后，铣面的目的是什么？（4 分）

3. 什么叫钝化，钝化的目的是什么？（4 分）

4. 有一卷带材的规格是：内径 500mm，外径 850mm，宽 550mm，带厚 1.0mm，问该卷带材展开后有多长？能切成 1.0mm × 500mm × 800mm 的板材多少张？（8 分）

5. 用户需 4t H62 的黄铜卷材，要求卷成内径 200mm、外径 300mm、高 200mm 的卷材。问一共需要切多少卷？（H62 黄铜的密度为 8500kg/$m^3$）。（5 分）

## 九、有色金属行业特有工种职业技能鉴定理论试卷（铸轧工，高级）

| 题号 | 一 | 二 | 三 | 四 | 五 | 总分 |
|---|---|---|---|---|---|---|
| 得分 | | | | | | |

| 得分 | 评分人 |
|---|---|
| | |

### 一、填空题（每空1分，共20分）

1. 金属铝的密度为________ g/cm³，熔点为________。
2. 铝熔体中的主要杂质是____________。铝液体中主要存在的气体是______。
3. 轧制时的主变形图为________________________。
4. 生产时使用液化气烧轧辊的目的是____________。
5. 铸嘴内分流块的作用是____________。
6. 铸轧区的定义为铸嘴出口到两轧辊中心连接的垂直距离，分为________、________、________三个区域。
7. 双辊式连续铸轧法有____________和____________两种。
8. 铸轧温度与速度呈现________关系，铸轧区长度与速度呈现________关系。
9. 虎皮纹缺陷主要是通过________________________来加以消除的。
10. 铸轧板坯的显微组织由____________、____________和再结晶晶粒组成。
11. 前箱的主要作用是保证铸轧区液态金属的供应量和______。
12. 铸轧速度与轧辊速度相比，有一定的前滑量，辊径不同，前滑量也不同，一般为____________左右。
13. 铝板在连续铸轧时的引出过程，称为____________。

| 得分 | 评分人 |
|---|---|
| | |

### 二、判断题（请将判断结果填在括号内，对的打“√”，错的打“×”，每题1分，共20分）

1. (　　) 热爱本职，忠于职守的具体要求是认真履行岗位职责。
2. (　　) 金属的晶粒越细小，塑性变形越均匀。
3. (　　) 固溶体的结构与溶质组元的结构相同。
4. (　　) 结晶时，晶核越多，晶核成长越慢，晶粒就越细小。
5. (　　) 铸轧速度必须稍大于金属在铸轧区内的凝固速度。
6. (　　) 铝镁系合金的密度大于纯铝的密度。
7. (　　) 在铸卷生产中，铁硅比的控制与冷轧产品的性能无直接关系。
8. (　　) 铸轧速度是指铸轧板的出板速度。
9. (　　) 在铸轧过程中，冷却强度增大，不利于凝固结晶和铸轧速度的提高。
10. (　　) 无论铸轧条件和合金成分如何，铸轧板的结晶组织都不变，不会发生再结晶。
11. (　　) 相同铸轧速度条件下，铸轧区增加，传热能力增大，铸轧板出辊温度增高。
12. (　　) 影响冷却强度的因素很多，如轧辊的材质、辊套壁厚、辊芯结构、冷却水水温和流量等。
13. (　　) 铸轧板晶粒度是衡量铸轧板质量的重要指标。晶粒度越细越好，在后工序加工时可获得良好的性能和板表面质量。
14. (　　) 铸轧过程中的冷却强度比半连续铸造低。

15. (　　) 铸与轧的结合提高了金属组织的致密性。
16. (　　) 塑性变形时，金属的变形抗力越大，就意味着塑性越差。
17. (　　) 杂质分布在晶内比分布在晶界对塑性的影响小。
18. (　　) 铸轧辊辊径增大、铸轧区可以相应增加。
19. (　　) 金属的晶粒越小，结构越致密，常温下力学性能越好。
20. (　　) 铸轧带局部未受轧制变形，具有自由结晶表面的区域称为热带，严重时会形成空洞。

## 三、选择题（请在四个选项中选出一个正确答案，填入括号内，每题1分，共20分）

| 得分 | 评分人 |
|---|---|
| | |

1. 轻有色金属是指密度小于（　　）$g/cm^3$ 的金属。
   A. 3.5　B. 4.5　C. 5.5　D. 6.5
2. 在体应力状态中，最有利于发挥金属塑性的是（　　）状态。
   A. 三向拉应力　B. 二向拉应力、一向压应力
   C. 三向压应力　D. 二向压应力、一向拉应力
3. 最有利于发挥金属塑性的压力加工方法是（　　）。
   A. 轧制　B. 挤压　C. 拉伸　D. 锻造
4. 金属塑性与晶格类型有关，塑性最好的是（　　）晶格。
   A. 面心立方　B. 体心立方　C. 密排六方　D. 无序排列
5. 金属材料在外力作用下，抵抗塑性变形和断裂的能力，称为（　　）。
   A. 硬度　B. 强度　C. 塑性　D. 韧性
6. 下列熔体净化方式中哪种不属于吸附净化（　　）。
   A. 惰性气体精炼法　B. 活性气体精炼法
   C. 溶剂精炼法　D. 真空处理法
7. 合金牌号1060表示的含义是（　　）。
   A. 纯铝，铝含量为99.60%　B. 纯铝，铝含量不超过99.60%
   C. 纯铝，铝含量不低于99.60%　D. 纯铝，杂质含量不超过0.60%
8. 对连续铸轧描述不正确的是（　　）。
   A. 液态金属一次成坯或成材，缩短了生产流程
   B. 由于连续铸轧的结晶器是旋转铸轧辊，所以其冷却速度比半连续铸造低
   C. 铸与轧的结合提高了金属组织的致密性
   D. 前箱的主要作用是保证铸轧区中液态金属的供应量和所需压力
9. 连续铸轧过程中产生粘辊的原因分析错误的是（　　）。
   A. 熔体温度偏高　B. 铸轧速度过快
   C. 冷却强度过低　D. 铸轧速度过慢
10. 发现事故隐患后，应按下列哪条原则进行处理（　　）。
    A. 三定四不推　B. 三不放过　C. 四不放过　D. 三同时
11. 对铝合金5A02中各字符含义的描述错误的是（　　）。
    A. 第一位是“5”表示该合金的组别主要合金元素为Mg
    B. “A”表示为原始合金
    C. “02”表示主要合金元素Mg的含量为2%左右

D. “02”仅用来区分同组中不同的铝合金

12. 轧制时金属轧件的出辊速度比轧辊圆周线速度（ ）。
A. 大 B. 小 C. 相等 D. 不确定

13. 铸轧生产过程中产生晶粒粗大的原因分析错误的是（ ）。
A. 熔体温度过高或熔体局部过热
B. 熔体在炉内静置时间过长
C. 铸轧速度过快
D. 冷却强度低，如冷却水温偏高和流量偏低

14. 镁合金燃烧时，不可以使用的灭火剂是（ ）。
A. 石棉布或其他石棉制品 B. 干沙
C. 水 D. 干粉状石墨

15. 正常铸轧时，前箱静压力和液膜表面张力处于（ ）。
A. 静压力大于表面张力 B. 静压力等于表面张力
C. 静压力小于表面张力 D. 静压力等于零

16. 在相同铸轧条件下，铸轧区增大，嘴辊间隙增大，前箱液面高度的调节范围（ ）。
A. 增大 B. 减小 C. 不变 D. 不确定

17. 软状态的产品可通过（ ）的方法获得。
A. 去应力退火 B. 时效 C. 完全再结晶退火 D. 淬火

18. 对冷轧过程中的道次加工率的描述正确的是（ ）。
A. 在退火后的第一道次压下量不能大于后一道次
B. 只要产品品质允许，就可增大道次压下量
C. 在退火后的第一道次压下量应大于后一道次
D. 只要设备能力允许，就可增大道次压下量

19. 对热轧过程中的道次压下量的描述不正确的是（ ）。
A. 头几道次的道次压下量不宜过大
B. 最后几道次应适当减小道次压下量
C. 头几道次铸锭温度较高，变形抗力低，道次压下量应大些
D. 道次压下量的分配应考虑设备的承受能力

20. 带材由7.0mm轧制到0.7mm，流程为：轧制（7.0mm→4.5mm→2.9mm→1.8mm）→中间退火→轧制（1.8mm→1.05mm→0.7mm），则其成品总加工率为（ ）。
A. 90% B. 74% C. 61% D. 10%

| 得分 | 评分人 |
|---|---|
| | |

## 四、问答题（共20分）

1. 铸轧与其他加工方法相比具有哪些优点？（5分）

2. 铸轧的工艺参数有哪些？(5 分)

3. 提高铸轧辊辊套使用寿命的有效途径有哪些？(5 分)

4. 提高铸轧速度的关键是什么，可采取哪些主要措施？(5 分)

## 五、综合题（共 20 分）

| 得分 | 评分人 |
| --- | --- |
| | |

1. 某合金需配制 Mn 1.3%、Fe 0.35%，现知炉内 5t 料，Mn 0.7% Fe 0.20%，使用锰剂（Mn 75%）、铁剂（Fe 75%）进行配制，求锰剂、铁剂各需要多少千克？(10 分)

2. 什么叫热带，说明热带缺陷产生的原因是什么？（10分）

## 十、有色金属行业特有工种职业技能鉴定理论试卷（酸洗工，高级）

| 题号 | 一 | 二 | 三 | 四 | 五 | 总分 |
| --- | --- | --- | --- | --- | --- | --- |
| 得分 | | | | | | |

| 得分 | 评分人 |
| --- | --- |
| | |

### 一、填空题（每空1分，共25分）

1. 金属材料在外力作用下表现出来的特性为力学性能，它包括________、________、塑性和________。
2. 金属材料产生永久变形而不被破坏的能力称为__________。
3. 物体内部的原子呈规则排列的固体称为__________。
4. 两种或两种以上的金属元素组成的具有______________的物质称为合金。
5. 引起材料强度、硬度升高，塑性和韧性降低的现象称为__________。
6. 新的等轴晶粒替代旧的变形晶粒的过程称为________。
7. 使物体内部的原子被迫偏离其平衡位置时所产生的力称为__________。
8. 绝对主变形与变形前尺寸的比值的百分数称为______________。
9. 合金组元间发生相互作用而生成的一种新相称为______________。
10. 白铜是以铜为基体，__________为主要添加元素的合金。
11. 氧化亚铜与________反应速度很慢。
12. 铜、镍及镍合金氧化皮结构________，硬而脆，一般采用________水溶液进行酸洗。
13. 黄铜过酸洗表现为________现象，严重的甚至出现__________。
14. 钝化剂的成分是______________，配置钝化液必须使用______________水，钝化液的浓度是______________，钝化液温度是______________，清洗热水的温度是______________。
15. 酸在水中溶解时，会产生大量的__________。
16. 氧化铜的化学分子式是________，呈__________色。

## 二、判断题（请将判断结果填入题前的括号里，对的打“√”，错的打“×”，每题 1 分，共 20 分）

| 得分 | 评分人 |
| --- | --- |
| | |

1. （　　）热爱本职，忠于职守的具体要求是认真履行岗位职责。
2. （　　）我们说某金属的熔点较低指的是该金属的化学性能。
3. （　　）酸在水中溶解时，会产生大量氧气。
4. （　　）硫酸的密度比水大。
5. （　　）硝酸的密度比水小。
6. （　　）废酸没有什么经济价值，且对环境无害，可以直接排放。
7. （　　）退火或加热时已出现脱锌的黄铜制品，酸洗时脱锌会减轻。
8. （　　）酸洗料在清洗时使用的热水全部采用软化水。
9. （　　）在酸雾处理装置中吸附剂吸附了酸雾，因此既消除了其对空气的污染，又杜绝了其对水的污染。
10. （　　）硝酸与镍的反应速度很快，因此仅用硝酸就可以酸洗白铜、镍及镍合金。
11. （　　）严禁用钢丝绳吊扎料下酸洗槽。
12. （　　）配酸液时，可以快速放酸。
13. （　　）酸洗时常见的缺陷有过酸洗、斑点、水迹和花脸。
14. （　　）配制酸液时应当先向酸槽内注入一定比例的水，然后再缓缓放入酸。
15. （　　）酸洗黄铜时，硫酸的浓度应控制在 10% ~20% 。
16. （　　）酸洗黄铜和紫铜时，酸液浓度相同。
17. （　　）清洗热水的水温应当每班点检一次，钝化液的水温应当每 4h 点检一次。
18. （　　）再制料进行酸洗或清洗时可不进行表面钝化。
19. （　　）脱脂液每生产 8h，应当刮（排）浮油一次。
20. （　　）钝化液每月更换两次，清洗热水每月更换 3 次。

## 三、选择题（选择正确的答案，将代号填入括号里，每题 1 分，共 20 分）

| 得分 | 评分人 |
| --- | --- |
| | |

1. 指出符合相对经济效益的一项是（　　）。
   A. 有用成果/投入的资源　　B. 投入的资源/有用成果
   C. 有用成果—投入的资源　　D. 投入的资源—有用成果
2. 铜、镍是属于（　　）晶格类型的金属。
   A. 体心立方　　B. 面心立方　　C. 密排六方　　D. 偏六方
3. 金属材料在外力作用下，抵抗塑性变形和断裂的能力，称为（　　）。
   A. 硬度　　B. 强度　　C. 塑性　　D. 韧性
4. 在体应力状态中，最不利于发挥金属塑性的是（　　）状态。
   A. 三向拉应力　　B. 二向拉应力、一向压应力
   C. 三向压应力　　D. 一向拉应力、二向压应力
5. C2680 是由（　　）组成的二元合金。
   A. 铜 35%，锌 65%　　B. 铜 65%，锌 35%
   C. 铜 65%，镍 35%　　D. 铜 65%，锡 35%
6. 用废硫酸生产结晶硫酸铜的方法是（　　）。

A. 蒸发法　B. 电解法　C. 烘干法　D. 退火法

7. 当酸液中硫酸的含量低于（　）时，含铜量高于（　）时，应及时更换酸液。

A. 7%　B. 25g/L　C. 6%　D. 8g/L

8. 当酸洗制品表面产生红斑时，是因为酸槽内有（　）。

A. 铅器　B. 白铜制品　C. 铁器　D. 紫铜制品

9. 在板、带材生产中，氧化皮酸洗不净会造成（　）。

①压坑　②损伤辊面　③增加轧制摩擦力　④裂纹　⑤起皮

A. ③④⑤　B. ②③④　C. ①②③　D. ②④⑤

10. 白铜、镍及镍合金板、带材酸液的配比是（　）。

A. 硫酸10%～20%　B. 硫酸7%～15%、硝酸3%～10%

C. 硫酸5%～12%、硝酸8%～12%　D. 硝酸8%～12%

11. 酸洗时制品周围酸的浓度会（　）。

A. 没有变化　B. 变稀　C. 变浓

12. 重有色金属是指密度大于（　）$g/cm^3$ 的金属。

A. 3.5　B. 4.5　C. 5.5　D. 6.5

13. 变压器带产品的主要质量指标是（　）。

A. 导电率和性能　B. 毛刺和性能　C. 性能　D. 导电率和毛刺

14. 金属塑性与晶格类型有关，塑性最好的是（　）晶格。

A. 面心立方　B. 体心立方　C. 密排六方　D. 偏六方

15. （　）合金是以“海军黄铜”而著称的。

A. 铅黄铜　B. 铝黄铜　C. 锡黄铜　D. 硅黄铜

16. 框架材料QFe2.5属于（　）。

A. 紫铜　B. 白铜　C. 青铜　D. 高铜合金

17. 随着变形温度的升高，金属的变形抗力（　）。

A. 增大　B. 降低　C. 不变　D. 不确定

18. 更换和补充溶液时应采用（　）。

A. 去离子水　B. 软化水　C. 循环水　D. 生活水

19. 除（　）之外的铜合金，均称为青铜。

A. 紫铜和黄铜　B. 黄铜和白铜　C. 紫铜和白铜　D. 白铜

20. 某铜合金，含铜70%，含锡1%，余量为锌，此铜为（　）。

A. 锡黄铜　B. 铅黄铜　C. 铝黄铜　D. 硅黄铜

## 四、问答题（共18分）

| 得分 | 评分人 |
| --- | --- |
| | |

1. 如何配置钝化液，钝化液如何进行补充？（6分）

2. 脱脂液如何进行配制和补充？（5 分）

3. 如何配置酸液，酸洗黄铜和紫铜的酸液浓度各是多少？（4 分）

4. 为何带材通过酸碱洗或气垫炉工序放置一段时间后料表面会出现黑点？（3 分）

## 五、作图题（共 17 分）

| 得分 | 评分人 |
| --- | --- |
| | |

1. 画出表示轧件的几何变形区和实际变形区？并标出咬入角和中性角？（10 分）

2. 在不同辊径的轧机上轧制宽度相同的轧件时，哪种情况下宽展大？画图加以说明。(7分)

## 十一、有色金属行业特有工种职业技能鉴定理论试卷（检查工，高级）

| 题号 | 一 | 二 | 三 | 四 | 五 | 总分 |
|---|---|---|---|---|---|---|
| 得分 | | | | | | |

### 一、填空题（每空1分，共25分）

| 得分 | 评分人 |
|---|---|
| | |

1. 在我国紫铜又称________，一般分为________、________和________。
2. 黄铜是由________和________组成的。
3. 白铜是以________为主要添加元素的铜合金。
4. 无损检测可分为______________、______________、射线探伤、磁粉探伤和渗透探伤五大类。
5. 产品检验的质量标准有________________、________________、______________和________________等。
6. 从铸锭的断面上一般可以观察到三个不同的组织区域，________________、________________和________________。
7. 金属压力加工时，发生在金属与加工工具接触表面之间，妨碍金属自由移动的摩擦，称为__________。
8. 成品检验的方法有__________、__________、__________和__________四种。
9. 游标卡尺按其测量精度不同可分为______ mm、______ mm、______ mm 三种。千分尺的测量精度为______ mm。

### 二、选择题（每题1分，共20分）

| 得分 | 评分人 |
|---|---|
| | |

1. 纯铜的铜含量不能低于______。
   A. 99.0%　　B. 99.5%　　C. 99.7%　　D. 99.8%
2. 无氧铜熔炼时，用______覆盖。
   A. 生木炭　　B. 煅烧木炭　　C. 煅烧和生木炭混合　　D. 不用
3. 镍的熔点温度是____。

A. 1083℃　B. 1455℃　C. 1255℃　D. 915℃

4. 铜和锡的熔点温度分别是______。

A. 1083℃和232℃　B. 1083℃和300℃

C. 900℃和232℃　D. 900℃和300℃

5. 不合格产品控制的目的是______。

A. 使顾客满意　B. 减少质量损失

C. 防止不合格品的非法预期使用　D. 减少不合格品

6. 白铜具有______立方晶格。

A. 体心　B. 面心　C. 密排六方　D. 无

7. C10200 铜和氧含量分别是________。

A. ≥99.95%和≤0.0020%　B. ≥99.90%和≤0.0010%

C. ≥99.90%和≤0.0020%　D. ≥99.95%和≤0.0010%

8. 铜和铁的密度分别是______。

A. $8.9g/cm^3$ 和 $7.9g/cm^3$　B. $8.9g/cm^3$ 和 $8.2g/cm^3$

C. $8.65g/cm^3$ 和 $7.9g/cm^3$　D. $8.65g/cm^3$ 和 $8.2g/cm^3$

9. 主应力状态图和主变形状态图分别有______。

A. 9 和 6　B. 6 和 3　C. 9 和 3　D. 6 和 6

10. 强信噪比是指涡流探伤仪器输出端缺陷信号幅度与______之比。

A. 最大噪声幅度　B. 最小噪声幅度

C. 最大噪声幅度与最小噪声幅度平均值　D. 最大噪声幅度与最小噪声幅度之差

11. 金属纯度与再结晶温度之间的关系是______。

A. 金属越纯，再结晶温度越高　B. 金属越纯，再结晶温度越低

C. 金属含杂质越高，再结晶温度越低　D. 金属的纯度与再结晶温度没有关系

12. QSn6.5-0.1 主成分含量是______。

A. Sn 6.0% ~7.0% P 0.10% ~0.25%

B. Sn 6.0% ~6.5% P 0.10% ~0.25%

C. Sn 6.0% ~7.0% P 0.10% ~0.20%

D. Sn 6.5% ~7.0% P 0.10% ~0.25%

13. 阴极铜的铜+银含量是______。

A. ≥99.95%　B. ≥99.90%　C. ≥99.99%　D. ≥99.00%

14. 铜及铜合金板材执行的标准是______。

A. GB/T 1139—1991　B. GB/T 2059—2000

C. GB/T 2040—2002　D. GB/T 17793—1999

15. 铜及铜合金无缝管涡流探伤执行的标准是______。

A. GB/T 1527—2006　B. GB/T 5248—1998

C. GB/T 20301—2006　D. GB/T 16866—1997

16. 阴极铜执行的标准是______。

A. GB/T 467—1997　B. GB/T 8736—1988

C. GB/T 470—1997　D. GB/T 469—1995

17. 退火温度是______。

A. 根据合金性质、加工硬化程度决定的

B. 根据加工硬化程度决定的

C. 根据合金性质、产品技术条件要求决定的

D. 根据合金性质、加工硬化程度、产品技术条件要求决定的

18. 铜合金熔炼过程中气体的来源______。

A. 炉气、炉料

B. 炉料、熔剂

C. 炉气、炉料、熔剂

D. 炉气、炉料、熔剂、耐火材料及操作工具

19. 标识和可追溯性的主要目的是______。

A. 识别不同的产品　　B. 识别产品的状态

C. 防止不合格产品　　D. A + B + C

20. 炉前化学成分取样______。

A. 金属全部熔化后，即可取样

B. 熔体经过精炼后，即可取样

C. 熔体经过精炼、搅拌后，即可取样

D. 熔体经过精炼、充分搅拌和静置后，即可取样

**三、判断题（每题1分，共20分）**

| 得分 | 评分人 |
|---|---|
| | |

1. (　　) 管材涡流探伤仪器和设备应在预热稳定后，方可进行调试、探伤。
2. (　　) 铜在大气中温度上升到100℃时，表面易氧化。
3. (　　) 国际标准是由国际标准化组织（ISO）制定，供世界各国统一使用。
4. (　　) 在纯铜中含有微量的氧，可削弱部分杂质对铜导电性能的影响。
5. (　　) 在熔炼无氧铜时，应使用高纯阴极铜。
6. (　　) 专用技术条件和协议是供需双方单独商定的质量标准，一般针对的是新材料和新产品的试制。
7. (　　) 熔炼黄铜时，温度越高，蒸气压越高，锌挥发损失越大。
8. (　　) 普通黄铜的切削性能随着锌含量的增加而提高。
9. (　　) HSn70-1中的锡主要起到提高合金的抗蚀性能的作用。
10. (　　) 铸造锡磷青铜时，采用振动铸造，可减少偏析，提高铸锭表面质量。
11. (　　) 成品的化学成分不合格时，应判该批料不合格。
12. (　　) 铸锭的缩孔是金属在凝固过程中，发生体积收缩、熔体不能及时补充，出现收缩的孔洞。
13. (　　) 测量板材厚度的位置距边部应不少于10mm，带材不少于5mm。
14. (　　) 金属及其合金在热变形时，不发生恢复与再结晶。
15. (　　) 退火温度过高或保温时间过长，产品不会发生黏结现象。
16. (　　) 热料包装会引起产品表面氧化和腐蚀。
17. (　　) 在不合格品得到纠正之后，不需进行验证，就可确认合格放行。
18. (　　) 符合标准的产品，顾客就会满意。
19. (　　) 让步使用放行和接收不合格品应得到有关授权人员和顾客批准。
20. (　　) 信息交流控制的范围包括内部信息与外部信息。

**四、简答题（每题 5 分，共 25 分）**

| 得分 | 评分人 |
| --- | --- |
| | |

1. 产品的力学性能和物理性能检测的内容有哪些？

2. 什么是成品检验？

3. 什么是材料的硬度？

4. 对铸锭的质量检查有哪些项？

5. 对板、带材几何尺寸检查的内容有哪些?

## 五、论述题（10 分）

| 得分 | 评分人 |
| --- | --- |
| | |

1. 气孔的组织特征和产生的原因是什么,如何防止?（熔铸、冶炼答）

2. 铜材表面腐蚀的原因是什么，怎样防止?（板带答）

3. 对一批 HSn70-1 $\phi$25mm×1mm 产品进行涡流探伤检查，其原理是什么，探伤漏检产生的原因有哪些，应如何避免?（探伤答）

# 附录2　有色金属行业特有工种职业技能鉴定实际操作试卷

## 一、有色金属行业特有工种职业技能鉴定实际操作试卷（铸造工）

### 1. 铸造工技师、高级技师操作技能考核准备通知单 （考场）

熔炼炉类型：＿＿＿＿＿＿姓名：＿＿＿＿准考证号：＿＿＿＿＿＿＿＿单位：＿＿＿＿＿＿
试题：铜合金熔铸

**一、金属材料准备（附表1）**

请各考场在考试前认真阅读此单，并按要求逐一做好各项准备工作。

**附表1　金属材料准备**

| 序号 | 名　称 | 规　格 | 数　量 | 要　求 |
|---|---|---|---|---|
| 1 | 电解铜 | $T_2$ | 根据生产自定 | 考场准备 |
| 2 | 铝 | 1070 | 根据生产自定 | 考场准备 |
| 3 | 无锈铁片 | — | 根据生产自定 | 考场准备 |
| 4 | 锡 | Sn | 根据生产自定 | 考场准备 |
| 5 | 铅 | 99.95% | 根据生产自定 | 考场准备 |
| 6 | 锌 | 99.95% | 根据生产自定 | 考场准备 |
| 7 | 电解镍 | 99.9% | 根据生产自定 | 考场准备 |
| 8 | Cu-P | 含P10% | 根据生产自定 | 考场准备 |
| 9 | 铬 | JCr 99.5 | 根据生产自定 | 考场准备 |
| 10 | 锰 | DJMn 99.5 | 根据生产自定 | 考场准备 |
| 11 | 镁 | Mg-2 | 根据生产自定 | 考场准备 |

**二、辅助材料准备（附表2）**

**附表2　辅助材料准备**

| 序号 | 名　称 | 规　格 | 数　量 | 要　求 |
|---|---|---|---|---|
| 1 | 石棉板 | 专用 | 1箱 | 考场准备 |
| 2 | 石棉绳 | 专用 | 自定 | 考场准备 |
| 3 | 覆盖剂 | 专用 | 自定 | 考场准备 |
| 4 | 铸造保护剂 | 专用 | 自定 | 考场准备 |

## 三、设备准备（附表3）

附表3　设备准备

| 名　称 | 型　号 | 数　量 | 要　求 |
|---|---|---|---|
| 有芯工频感应炉 | 1.5t | 1 | 考场准备 |
| 无芯工频感应炉 | 1t | 1 | 考场准备 |
| 无芯中频感应炉 | 1t | 1 | 考场准备 |
| 水平连铸炉 | 3t | 1 | 考场准备 |
| 半连续铸造机 | 和相应炉子配套 | 1 | 考场准备 |
| 结晶器 | Ⅰ、Ⅱ、Ⅲ | 自定 | 考场准备 |
| 托座 | | 自定 | 考场准备 |

注：1. 中频炉、工频炉除上述规格外，其他能正常生产的炉子也可以。
2. 若设备数量有限，考试可分批进行，但必须保证每位考生有一台炉子和铸造机；对无法独立完成的操作允许有人协助，但考生需能讲清操作要点，并完成示范操作。
3. 每个工位应配有一个0.5$m^2$的台面供考生摆放答题用具。
4. 考场电源功率必须能满足所有设备正常启动工作的需要。
5. 考场应配有相应数量的清扫工具。
6. 每个考场需配有编号标识工具。

## 四、人员要求

1. 监考人员数量与考生人数之比不低于1∶10。
2. 每个考场至少配机修钳工、电器维修工、医护人员各1名。
3. 监考人员、考试服务人员（机修钳工、维修电工、医护人员）必须于考试前30min到达考场。

## 2. 铸造工技师、高级技师操作技能考核准备通知单（考生）

熔炼炉类型：__________姓名：________准考证号：______________单位：__________

考试时间：

考试地点：熔铸厂

试题：铜合金熔铸

## 一、答题计算考生准备清单

| 序号 | 名　称 | 规　格 | 数量 | 要　求 |
|---|---|---|---|---|
| 1 | 钢笔 | | 1 | 考生自备 |
| 2 | 工程计算器 | | 1 | 考生自备 |

## 二、熔铸使用的工具、辅具考生准备清单

| 类别 | 序号 | 名 称 | 型 号 | 数量 | 备 注 |
|---|---|---|---|---|---|
| 熔铸工具 | 1 | 取样勺 | 专用 | 1 | 考生自备 |
| | 2 | 捞渣勺 | 专用 | 1 | 考生自备 |
| | 3 | 取样模 | 六方、阶梯圆 | 各1个 | 考生自备 |
| | 4 | 搅拌棒 | 专用 | 1 | 考生自备 |
| | 5 | 浇铸管 | 专用 | 2 | 考生自备 |
| 加料工具 | 1 | 钢丝绳 | 自选 | 1 | 考生自备 |
| | 2 | 撬杠 | 自选 | 1 | 考生自备 |

## 3. 铸造工技师、高级技师操作技能考试试卷

熔炼炉类型：__________姓名：_______准考证号：______________单位：__________

试题：铜合金熔铸

### 一、说明所操作的铸造机铸出铸锭的合金牌号、化学成分及其含量，铸造操作要点

本题分值：20 分

考核时间：40min

考核要求：

（1）答题简洁、答出要点即可。

（2）鉴定时间一到，立即停止答卷，交监考人员封存。

### 二、简述铸造机的种类、结构、工作原理及常规维护

本题分值：20 分

考核时间：40min

考核要求：

（1）答题简洁、答出要点即可。

（2）鉴定时间一到，立即停止答卷，交监考人员封存。

### 三、熔铸操作

本题分值：60 分

考核时间：240min

考核要求：

（1）根据熔炼炉从紫铜、黄铜、铝青铜、锡青铜中选出一个牌号进行熔铸操作。

（2）操作步骤要符合作业指导书的要求。

（3）未有说明的问题由现场裁判组裁决。

## 4. 铸造工技师、高级技师操作技能考试评分记录表

熔炼炉类型：____________姓名：________准考证号：________________单位：____________

总成绩表

| 序号 | 试题名称 | 配分（权重） | 得分 | 备注 |
|---|---|---|---|---|
| 1 | 说明所操作的铸造机铸出铸锭的合金牌号、化学成分及其含量，铸造操作要点 | 20 | | |
| 2 | 简述铸造机的结构、工作原理及常规维护 | 20 | | |
| 3 | 铸造操作 | 60 | | |
| 合计 | | 100 | | |

统分人： 年 月 日

试题：铜合金铸造

### 一、说出所操作的熔炼炉熔炼的合金牌号、合金成分的公称含量及熔铸操作要点

| 序号 | 考核内容及要求 | 配分 | 评分标准 | 扣分 | 得分 |
|---|---|---|---|---|---|
| 1 | 铸锭的合金牌号 | 5 | 表达不清扣1~5分 | | |
| 2 | 合金成分及其含量 | 5 | 表达不清扣1~5分 | | |
| 3 | 铸造操作要点 | 10 | 表达不清扣1~10分 | | |
| 合计 | | 20 | | | |

评分人： 年 月 日 核分人： 年 月 日

### 二、简述铸造机的种类、结构、工作原理及常规维护

| 序号 | 考核内容及要求 | 配分 | 评分标准 | 扣分 | 得分 |
|---|---|---|---|---|---|
| 1 | 铸造机的种类及结构 | 5 | 表达不清扣1~5分 | | |
| 2 | 铸造机的工作原理 | 5 | 表达不清扣1~5分 | | |
| 3 | 铸造机的常规维护 | 10 | 表达不清扣1~10分 | | |
| 合计 | | 20 | | | |

评分人： 年 月 日 核分人： 年 月 日

### 三、熔铸操作

| 序号 | 考核内容及要求 | 配分 | 评分标准 | 扣分 | 得分 |
|---|---|---|---|---|---|
| 1 | 铸造前的工具准备<br>铸造机准备 | 5 | 不合乎要求扣1~5分 | | |
| 2 | 铸造工具的干燥处理 | 3 | 不正确扣3分 | | |

续表

| 序号 | 考核内容及要求 | 配分 | 评分标准 | 扣分 | 得分 |
|---|---|---|---|---|---|
| 3 | 铸造工艺参数控制（铸造温度、速度、水压、牵引方式） | 20 | 参数控制不对扣1～20分 | | |
| 4 | 铸前成分控制（炉前取样及结果判断，成分调整） | 10 | 炉前取样及分析结果判定不正确扣1～5分；成分调整不到位，扣1～5分 | | |
| 5 | 合金含气检查，若含气不合格时，如何除气 | 10 | 除气措施不全面，扣5～10分 | | |
| 6 | 出炉准备 | 2 | 未准备，扣2分 | | |
| 7 | 铸锭自检：<br>（1）常见缺陷，产生原因，改进方法；<br>（2）缺陷修理，修理标准 | 5 | 未按要求自检，扣1～5分 | | |
| 8 | 标识 | 2 | 标识不对，扣2分 | | |
| 9 | 安全文明生产 | 3 | 安全操作，劳保穿戴每违反一项，全扣 | | |
| 合　计 | | 60 | | | |

评分人：　　　　年　月　日　　　　核分人：　　　　年　月　日

## 二、有色金属行业特有工种职业技能鉴定实际操作试卷（金属挤压工）

### 金属挤压工（高级）操作技能试题及评分标准

姓名：＿＿＿＿考号：＿＿＿＿＿＿总分＿＿＿＿

| 考试项目 | 内　容 | 评分标准 | 配分 | 检查方法 | 得分 |
|---|---|---|---|---|---|
| 合金牌号、成分、含量的识别及它们的特性 | 1. T2、C23000、B10、QSn65-0.1；<br>2. T1、HSn70-1、C70600、QAl9-4；<br>3. C10200、H65、B30、QSn7-0.2；<br>4. T2、HAl77-2、B10、QAl10-3-1.5 | 在所有的合金材料中，分别识别出四种合金材料的牌号、成分、含量，说出它们各自的加工（挤压、轧制、拉伸）特性，每种4分，每错一项扣1～4分，共16分 | 16 | 现场评分 | |
| 坯料及产品标准 | 1. H65挤压铸锭及供轧管坯料要求；<br>2. HAl77-2挤压铸锭及供轧管坯料要求；<br>3. QAl10-3-1.5挤制品国家标准要求每人回答两种 | 分别说出两种坯料的要求，每种外径公差（1分）、壁厚公差（1分）、不允许的主要缺陷（3分）、表面处理要求（1分） | 12 | 现场评分 | |

续表

| 考试项目 | 内　容 | 评 分 标 准 | 配分 | 检查方法 | 得分 |
|---|---|---|---|---|---|
| 废品类型 | 擦伤、划伤、尺寸超差、挤压裂纹、轧制裂纹、飞边、跳车环、竹节、夹灰、缩尾、应力裂纹、偏心、压坑、矫直痕、金属及非金属压入。以上各类废品产生原因及消除措施 | 1. 让考生对废品类型简要回答出6种，共3分；<br>2. 回答其中两种废品的产生原因及消除措施给10分，回答错一种原因或措施，各扣2.5分 | 13 | 现场评分 | |
| 现场应变能力和解决、处理问题的能力测试 | 根据生产工艺、安全操作、设备使用维护三大规程和设备主要技术性能参数，结合现场生产情况，由主考现场提问 | 对每个考生提问3~4个问题,考生回答问题,判断和处理(故障)问题的能力,分别给分,回答错一题扣5~6分 | 15 | 现场评分 | |
| 实际操作 | 考生在培训岗位的设备上进行实际操作，如遇特殊情况，可进行模拟操作 | 对其中一种设备进行操作或模拟操作,开车前准备给10分,正确操作给10分,处理故障给10分,操作程序正确给10分 | 40 | 现场评分 | |
| 安全文明生产 | 遵守安全文明生产操作规程和劳动纪律 | 安全操作，劳保穿戴每违反一项，全部扣除 | 4 | 现场评分 | |
| 考试时间 | 年　月　日　时 | 考评员： | | | |

## 三、有色金属行业特有工种职业技能鉴定实际操作试卷（金属轧制工）

### 金属轧制工 （高级） 操作技能试题及评分标准 （铜铝板带厂）

姓名：__________考号：_______________总分__________

| 考试项目 | 内　容 | 评 分 标 准 | 配分 | 检查方法 | 得分 |
|---|---|---|---|---|---|
| 合金牌号、成分含量的识别及它们的特性 | 1. 紫铜:T1、T2、T3、T4；<br>2. 黄铜:H68、H80、H62、HPb59-1；<br>3. 青铜:QSn65-0.1、QSn4-3；<br>4. 白铜:B30、B19、BZn15-20；<br>5. 纯铝:1060、1050、1100；<br>6. 铝合金:3A21、3003、5A02、5A05；<br>7. 镁合金:M2M、AZ40M、AZ41M；<br>8. 其他铝合金：8011 | 在所有的合金材料中，分别识别出四种合金材料的牌号、成分、含量，说出它们各自的特性，每种4分，每错一项扣1~4分，共16分 | 16 | 现场评分 | |
| 废品类型 | 擦伤、划伤、金属非金属压入、起皮、压折、麻坑、裂纹、裂边、波浪、粘伤、辊印、腐蚀、油斑、黄斑、亮带等，以上各类废品产生的原因及消除措施 | 让考生对废品类型简要回答出4种，共4分，错一种扣1分，再回答其中两种废品的产生原因及消除措施，给16分，回答错一种原因或措施，各扣4分 | 20 | 现场评分 | |

续表

| 考试项目 | 内　容 | 评分标准 | 配分 | 检查方法 | 得分 |
|---|---|---|---|---|---|
| 现场应变能力和解决、处理问题的能力测试 | 根据生产工艺、安全操作、设备使用维护三大规程和设备主要技术性能参数，结合现场生产情况，由主考现场提问 | 对每个考生提问3~4个问题，考生回答问题，判断和处理（故障）问题的能力，分别给分，回答错一题扣5~6分 | 20 | 现场评分 | |
| 实际操作 | 考生在培训岗位的设备上进行实际操作，如遇特殊情况，可进行模拟操作 | 对其中一种设备进行操作或模拟操作，开车前准备给10分，正确操作给10分，处理故障给10分，操作程序正确给10分 | 40 | 现场评分 | |
| 安全文明生产 | 遵守安全文明生产操作规程和劳动纪律 | 安全操作，劳保穿戴每违反一项，全部扣除 | 4 | 现场评分 | |
| 考试时间 | 年　月　日　时 | 考评员： | | | |

# 附录3　特有工种职业标准

## 一、金属挤压工国家职业标准

### 1. 职 业 概 况

**1.1　职业名称**

金属挤压工。

**1.2　职业定义**

操作挤压设备，将金属及合金铸锭挤制成管、棒、型、线、排材制品及修复挤压模具的人员。

**1.3　职业等级**

本职业设五个等级，分别为：初级（国家职业资格五级）、中级（国家职业资格四级）、高级（国家职业资格三级）、技师（国家职业资格二级）、高级技师（国家职业资格一级）。

**1.4　职业环境**

室内，高温，噪声，粉尘，有害气体。

**1.5　职业能力特征**

具有较强的计算能力、观察判断能力和空间感，身体健康，视力良好，听觉正常，手指、手臂灵活，动作协调。

**1.6　基本文化程度**

初中毕业。

**1.7　培训要求**

1.7.1　培训期限

全日制职业学校教育，根据其培养目标和教学计划确定。晋级培训期限：初级、中级均不少于 180 标准学时；高级不少于 150 标准学时；技师、高级技师均不少于 100 标准学时。

1.7.2　培训教师

培训初、中、高级工的教师应具有本职业技师以上职业资格或相关专业中级及以上专业技术职务任职资格；培训技师的教师应具有本职业高级技师职业资格，相关专业中级专业技术职务任职资格 2 年以上或高级专业技术职务任职资格；培训高级技师的教师应具有本职业高级技师职业资格 2 年以上，相关专业中级专业技术职务任职资格 5 年以上或高级专业技术职务任职资格。

1.7.3　培训场地设备

标准教室、具有挤压配套设备的生产现场或模拟生产现场。

**1.8　鉴定要求**

1.8.1　适用对象

从事或准备从事本职业的人员。

1.8.2　申报条件

——初级（具备以下条件之一者）：

（1）经本职业初级正规培训达到规定标准学时数，并取得结业证书。

（2）在本职业连续见习工作1年以上。

（3）本职业学徒期满。

——中级（具备以下条件之一者）：

（1）取得本职业初级职业资格证书后，连续从事本职业工作2年以上，经本职业中级正规培训达到规定标准学时数，并取得结业证书。

（2）取得本职业初级职业资格证书后，连续从事本职业工作3年以上。

（3）连续从事本职业工作5年以上。

（4）取得经劳动保障行政部门审核认定的、以中级技能为培养目标的中等以上职业学校本职业（专业）毕业证书。

——高级（具备以下条件之一者）：

（1）取得本职业中级职业资格证书后，连续从事本职业工作3年以上，经本职业高级正规培训达到规定标准学时数，并取得结业证书。

（2）取得本职业中级职业资格证书后，连续从事本职业工作4年以上。

（3）取得经劳动保障行政部门审核认定的、以高级技能为培养目标的高级技工学校或高等职业学校本职业（专业）毕业证书。

（4）取得本职业中级职业资格证书的大专以上本专业或相关专业毕业生，连续从事本职业工作2年以上。

——技师（具备以下条件之一者）：

（1）取得本职业高级职业资格证书后，连续从事本职业工作4年以上，经本职业技师正规培训达到规定标准学时数，并取得结业证书。

（2）取得本职业高级职业资格证书后，连续从事本职业工作6年以上。

（3）取得本职业高级职业资格证书的高级技工学校本职业（专业）毕业生，连续从事本职业工作2年以上。

（4）取得本职业高级职业资格证书的大专以上本专业或相关专业毕业生，连续从事本职业工作2年以上。

——高级技师（具备以下条件之一者）：

（1）取得本职业技师职业资格证书后，连续从事本职业工作3年以上，经本职业高级技师正规培训达到规定标准学时数，并取得结业证书。

（2）取得本职业技师职业资格证书后，连续从事本职业工作5年以上。

1.8.3 鉴定方式

分为理论知识考试和技能操作考核。理论知识考试采用闭卷笔试方式，技能操作考核采用现场实际操作方式为主，辅之以其他必要方式。理论知识考试和技能操作考核均实行百分制，成绩皆达到60分及以上者为合格。技师和高级技师须进行综合评审。

1.8.4 考评人员与考生配比

理论知识考试考评人员与考生配比为1：20，每个标准教室不少于2名考评人员；技能操作考核考评人员与考生配比1：5，且不少于3名考评员；综合评审委员不少于5人。

1.8.5 鉴定时间

理论知识考试时间120min；技能操作考核时间60～180min；综合评审时间不少于20min。

1.8.6 鉴定场所设备

理论知识考试在标准教室进行。技能操作考核在具有挤压配套设备的生产现场或模拟生产现场进行。

## 2. 基 本 要 求

### 2.1　职业道德

2.1.1　职业道德基本知识

2.1.2　职业守则

（1）遵守法律、法规和有关规定；

（2）爱岗敬业、具有高度的责任心；

（3）严格执行工作程序、工作规范、工艺文件和安全操作规程；

（4）工作认真负责，团结合作；

（5）爱护设备及工模具、量具；

（6）着装整洁，符合规定；保持工作环境清洁有序，文明生产。

### 2.2　基础知识

2.2.1　基础理论知识

（1）常用有色金属及合金名称、牌号、成分、性能、状态表示方法；

（2）常用有色金属材料组织性能及热处理基础知识；

（3）常用挤压工具、模具材料性能及热处理基础知识；

（4）挤压设备基本构造及工作原理；

（5）常用挤压参数计算方法；

（6）机械制图基础知识；

（7）机械、电气基础知识。

2.2.2　压力加工基础知识

（1）塑性变形基础理论知识；

（2）挤压过程中金属变形特点；

（3）金属挤压工艺基础知识；

（4）金属挤压分类及特点；

（5）金属挤压常见缺陷及产生的原因；

（6）挤压设备的操作和维护知识；

（7）挤压工具、模具的使用和维护知识；

（8）挤压过程中工艺润滑知识。

2.2.3　安全文明生产与环境保护知识

（1）现场文明生产要求；

（2）安全操作与劳动保护知识；

（3）环境保护知识。

2.2.4　质量管理知识

（1）企业的质量方针；

（2）岗位的质量要求；

（3）岗位的质量保证措施与责任。

2.2.5　相关法律、法规知识

（1）劳动法的相关知识；

（2）合同法的相关知识。

## 3. 工 作 要 求

本标准对初级、中级、高级、技师和高级技师的技能要求依次递进，高级别涵盖低级别的要求。本标准中将挤压操作和工模具修理分为两个独立考核模块。

### 3.1 初级（第一、二职业功能模块为可选模块，根据申报人情况任选其一）

| 职业功能 | 工作内容 | 技能要求 | 相关知识 |
|---|---|---|---|
| 一、金属挤压 | （一）交接班 | 1. 能明确上一班工作情况及本班工作任务；<br>2. 能将本班工作情况向下一班交代清楚；<br>3. 能正确填写原始记录 | 1. 交接班规定；<br>2. 原始记录填写要求 |
| | （二）挤压准备 | 能识读生产卡片，知悉生产制品的合金牌号、状态及铸锭规格 | 1. 挤压制品规格的表示方法；<br>2. 铸锭规格及标识的表示方法 |
| | （三）工具、量具准备 | 能准备好生产所需的工具、量具 | 工具、量具的名称、用途 |
| | （四）物料准备 | 能准备生产所需的铸锭、辅料 | 1. 铸锭的表面质量要求；<br>2. 辅料的名称、用途 |
| | （五）铸锭加热 | 1. 能将铸锭转运至加热炉前；<br>2. 能将铸锭放入加热炉内 | 1. 铸锭转运的相关知识；<br>2. 天车指挥的相关知识；<br>3. 铸锭加热的相关知识 |
| | （六）模具更换 | 能更换已准备好的挤压模具 | 模具的作用及更换规定 |
| | （七）制品转运 | 能将挤压完成的制品按规定吊运至相应的料场 | 物料吊运存放规定 |
| | （八）残料、废料转运 | 1. 按不同合金牌号分别收集残料、废料；<br>2. 将残料、废料分运至相应的料箱内 | 1. 残料的处理方法；<br>2. 废料的分级及管理规定 |
| 二、工模具修理 | （一）工模具加热 | 能根据工模具类型选择加热参数，并进行工模具加热 | 工模具加热的相关规定 |
| | （二）模具装配 | 1. 能进行平模的装配；<br>2. 能根据管、棒、排材产品规格选配模垫、挤压环 | 模具装配知识 |
| | （三）模具清理 | 1. 能对使用后的模具进行蚀洗、清洁；<br>2. 能将清洁后的模具按要求放置 | 1. 模具清洗知识；<br>2. 模具放置知识 |

续表

| 职业功能 | 工作内容 | 技能要求 | 相关知识 |
| --- | --- | --- | --- |
| 三、设备管理 | （一）设备保养 | 能对设备的积尘、杂物、油垢进行清扫 | 设备维护的基本要求 |
| | （二）设备维护 | 能发现设备直观显现的故障 | 设备直观显现故障判断的基本常识 |

**3.2　中级（第一、二职业功能模块为可选模块，根据申报人情况任选其一）**

| 职业功能 | 工作内容 | 技能要求 | 相关知识 |
| --- | --- | --- | --- |
| 一、金属挤压 | （一）交接班 | 能对交接班情况进行现场确认，对遗留问题提出处理建议 | |
| | （二）挤压准备 | 1. 能核对加热铸锭与卡片要求内容是否一致；<br>2. 能装卸挤压筒、挤压轴、挤压针用其针支撑等挤压工具；<br>3. 能测量挤压轴、挤压针与挤压筒的同心度 | 1. 挤压筒、挤压轴、挤压针支撑等挤压工具的装卸方法；<br>2. 相关量具的使用方法 |
| | （三）挤压参数设定 | 1. 能根据工艺卡片选择和设定挤压速度；<br>2. 能设定挤压筒加热温度 | 1. 铸锭加热的质量要求；<br>2. 挤压筒加热制度；<br>3. 辅助设备控制系统中各阀体的作用；<br>4. 润滑剂的配比和使用方法 |
| | （四）铸锭加热 | 1. 能对不同合金铸锭进行加热；<br>2. 能判断铸锭加热出现的异常状况 | |
| | （五）空负荷操作 | 1. 能按照操作程序启动挤压机辅助设备；<br>2. 能按工艺要求配制使用润滑剂 | |
| | （六）有负荷操作 | 1. 能用送锭机构将铸锭和垫片送至挤压筒中；<br>2. 能操作挤压机将金属锭挤制成棒、排、线、圆形管材；<br>3. 能操作压余分离机构进行压余分离 | 1. 送锭机构、分离机构的操作程序；<br>2. 挤压工艺操作规程 |
| | （七）质量控制 | 1. 能检测棒、排、线、圆形管材断面及外形尺寸并判断其是否合格；<br>2. 能判定管材偏心率是否合格 | 1. 技术标准的相关要求；<br>2. 管材偏心率的计算方法 |

续表

| 职业功能 | 工作内容 | 技能要求 | 相关知识 |
| --- | --- | --- | --- |
| 二、工模具修理 | （一）工模具选配 | 1. 能选配各种棒、排、线、管材模具；<br>2. 能选配各种挤压针；<br>3. 能装配组合模具；<br>4. 能选配型材模具的模垫及挤压环 | 1. 挤压工、模具配套知识；<br>2. 光模、修模的基本知识 |
| | （二）工模具修理 | 1. 能对工模具的工作部位进行抛光处理；<br>2. 能修理影响管、棒、线、排材表面缺陷的模具 | |
| | （三）工模具检测 | 1. 能检测模具外形及模孔尺寸；<br>2. 能通过检测制品尺寸判定模具是否合格 | |
| 三、设备管理 | （一）设备保养 | 能按要求对使用设备进行点检、润滑 | 设备点检、润滑制度 |
| | （二）设备维护 | 能按要求对设备进行调整 | |

## 3.3 高级（第一、二职业功能模块为可选模块，根据申报人情况任选其一）

| 职业功能 | 工作内容 | 技能要求 | 相关知识 |
| --- | --- | --- | --- |
| 一、金属挤压 | （一）挤压准备 | 1. 能读懂工艺卡片的技术要求；<br>2. 能判定制品工艺合理性 | 1. 相关技术标准；<br>2. 挤压参数的计算方法 |
| | （二）识图 | 能看懂产品图纸及其技术要求 | |
| | （三）空负荷操作 | 1. 能按照操作程序启动挤压机；<br>2. 能判定挤压机的运转状况是否正常 | 挤压机控制系统中各阀体的作用 |
| | （四）有负荷操作 | 1. 能操作挤压机，控制挤压温度、速度，挤压常规制品；<br>2. 能预防并处理闷车故障；<br>3. 能发现生产过程中设备异常状况，并做出处理；<br>4. 能根据制品的尺寸超差情况进行工、模具调整 | 1. 处理闷车故障的方法；<br>2. 设备一般故障的处理程序 |
| | （五）质量控制 | 1. 能采取措施减少制品缩尾；<br>2. 能分析并采取措施减轻或消除制品裂纹、划沟、气泡、波浪、扭拧等缺陷；<br>3. 能计算制品的长度或质量 | 1. 缩尾产生的原因和处理方法；<br>2. 外形及表面缺陷产生的原因和处理方法；<br>3. 制品长度或质量的计算方法 |

续表

| 职业功能 | 工作内容 | 技能要求 | 相关知识 |
| --- | --- | --- | --- |
| 二、工模具修理 | （一）工模具选配 | 1. 能完成挤压筒、挤压针等大型工具的热组装工作；<br>2. 能根据挤压筒尺寸选配挤压垫片 | 相关工具的配合要求 |
| | （二）工模具修理 | 1. 能对一般型材因模具造成的外形、尺寸及表面缺陷进行模具修理；<br>2. 对一般的新模具上机前能根据其形状进行预处理 | 1. 金属流动特性；<br>2. 一般型材外形及表面缺陷产生的原因和修模方法 |
| 三、设备管理 | （一）设备维护 | 能判断检修质量 | 设备故障的一般状况 |
| | （二）故障处理 | 能发现设备一般故障隐患 | |

## 3.4　技师

| 职业功能 | 工作内容 | 技能要求 | 相关知识 |
| --- | --- | --- | --- |
| 一、金属挤压 | （一）挤压准备 | 能对新产品挤压工艺参数的合理性进行分析，并提出改进建议 | 挤压力的简单计算方法 |
| | （二）有负荷操作 | 1. 能根据生产状况，调整工艺参数，提高产品质量；<br>2. 能判断制品出现异常情况的原因，并采取措施消除；<br>3. 能操作挤压机，生产复杂的管材、型材 | 挤压速度、温度、变形程度对制品质量的影响 |
| | （三）新产品开发 | 1. 能对新产品试制中出现的问题进行分析并提出改进措施；<br>2. 能试用复杂断面的新型工、模具 | 新产品试制的相关要求 |
| | （四）质量控制 | 1. 能计算工序成品率；<br>2. 能分析影响成品率的原因，并提出改进措施；<br>3. 能分析影响常规产品组织、力学性能的因素 | 1. 成品率计算方法；<br>2. 影响成品率的因素；<br>3. 产品组织、力学性能不合格的原因 |
| 二、工模具修理 | （一）工模具的选配 | 能根据新产品及其铸锭规格选择相应的挤压模、挤压轴、挤压筒、垫片等挤压工具 | 工、模具装配图 |

续表

| 职业功能 | 工作内容 | 技能要求 | 相关知识 |
| --- | --- | --- | --- |
| 二、工模具修理 | （二）工模具修理 | 1. 能判断挤压工模具损坏的原因，并提出预防措施；<br>2. 能对比较复杂的模具进行修理 | 1. 挤压工模具报废条件；<br>2. 模具构造知识 |
| | （三）工模具设计 | 1. 能设计简单的圆棒、圆管、线材挤压模具；<br>2. 能对新产品工模具的设计提出建议 | 挤压模具设计的基本知识 |
| 三、设备管理 | （一）设备维护 | 通过设备点检发现设备隐患 | 1. 设备大、中修质量标准；<br>2. 新设备技术性能要求 |
| | （二）设备调试 | 1. 能进行大、中修设备的调试；<br>2. 能进行新设备的调试操作 | |
| 四、现场管理 | （一）生产管理 | 1. 能提出现场定置管理的方案；<br>2. 能针对工艺卡片进行工序管理 | 生产管理基本知识 |
| | （二）技术管理 | 1. 能对生产实践经验进行总结；<br>2. 能针对生产或设备系统中存在的薄弱环节提出改进方案；<br>3. 能参与新工艺、新设备、新产品的试验；<br>4. 能组织执行质量体系标准的相关要求 | 1. 质量控制程序要求；<br>2. 质量分析与控制方法；<br>3. 质量体系的相关要求 |
| 五、培训指导 | （一）指导操作 | 能指导初、中、高级工人进行实际操作 | 培训教学的基本方法 |
| | （二）理论培训 | 能讲授本专业技术基础知识 | |

## 3.5 高级技师

| 职业功能 | 工作内容 | 技能要求 | 相关知识 |
| --- | --- | --- | --- |
| 一、金属挤压 | （一）有负荷操作 | 1. 能操作挤压机，生产高精度、高难度制品；<br>2. 能解决挤压生产中疑难技术问题 | 1. 高精度、高难度制品的操作技能；<br>2. 合金化学成分及其主要元素对变形的影响；<br>3. 工艺设计知识 |
| | （二）新产品开发 | 能对新产品挤压工艺方案的合理性进行分析，提出改进建议并参与实施 | |

续表

| 职业功能 | 工作内容 | 技 能 要 求 | 相关知识 |
| --- | --- | --- | --- |
| 一、金属挤压 | （三）工艺改进和技术创新 | 1. 能对挤压工艺及参数的优化提出建议；<br>2. 能参与技术改造，并提出新技术实施方案 | 1. 高精度、高难度制品的操作技能；<br>2. 合金化学成分及其主要元素对变形的影响；<br>3. 工艺设计知识 |
| | （四）质量控制 | 1. 能提出改善常规产品组织、性能的具体方案并实施；<br>2. 能解决现场技术问题 | |
| 二、工模具修理 | （一）工模具修理 | 能修理复杂制品的挤压工模具 | 型材模具设计知识 |
| | （二）工模具设计 | 1. 能设计简单断面型材模具；<br>2. 能对复杂产品工模具设计提出建议 | |
| 三、现场管理 | （一）生产管理 | 能在作业中合理安排工作程序和人员协调 | 现场管理基本知识 |
| | （二）技术管理 | 1. 能参与挤压行业的技术交流；<br>2. 能应用质量管理知识，实现操作过程的质量分析；<br>3. 能配合编写《设备使用与维护规程》、《安全生产操作规程》、《工艺操作规程》 | 1. 质量管理相关知识；<br>2.《设备使用与维护规程》、《安全生产操作规程》、《工艺操作规程》的编写要求 |
| | （三）技术总结 | 1. 能系统地总结挤压生产的实践经验；<br>2. 能撰写技术论文 | 技术论文的撰写知识 |
| 四、设备管理 | （一）设备维护 | 能准确判断设备隐性故障类型 | 1. 液压、电气控制原理；<br>2. 新设备结构及控制程序 |
| | （二）设备调试 | 能判定新设备动作程序的合理性，并提出建议 | |
| 五、培训指导 | （一）指导操作 | 能指导初、中、高级工和技师进行实际操作 | 1. 技能培训的基本要求；<br>2. 操作指导方法；<br>3. 培训讲义的编写格式 |
| | （二）理论培训 | 1. 能对本专业初、中、高级工进行技术理论培训；<br>2. 能编写培训讲义 | |

## 4. 比 重 表

### 4.1 理论知识

| 项 | 目 | 初级/% | 中级/% | 高级/% | 技师/% | 高级技师/% |
|---|---|---|---|---|---|---|
| 基本要求 | 职业道德 | 5 | 5 | 5 | 5 | 5 |
| | 基础知识 | 35 | 30 | 30 | 25 | 20 |
| 相关知识 | 金属挤压 | 55 | 60 | 60 | 55 | 55 |
| | 工模具修理 | 55 | 60 | 60 | 55 | 55 |
| | 设备管理 | 5 | 5 | 5 | 5 | 5 |
| | 现场管理 | | | | 5 | 5 |
| | 培训指导 | | | | 5 | 10 |
| 合 计 | | 100 | 100 | 100 | 100 | 100 |

注：金属挤压与工模具修理模块比重根据申报情况决定。

### 4.2 技能操作

| 项 | 目 | 初级/% | 中级/% | 高级/% | 技师/% | 高级技师/% |
|---|---|---|---|---|---|---|
| 技能要求 | 金属挤压 | 90 | 90 | 90 | 80 | 75 |
| | 工模具修理 | 90 | 90 | 90 | 80 | 75 |
| | 设备管理 | 10 | 10 | 10 | 10 | 10 |
| | 现场管理 | | | | 5 | 5 |
| | 培训指导 | | | | 5 | 10 |
| 合 计 | | 100 | 100 | 100 | 100 | 100 |

注：金属挤压与工模具修理模块比重根据申报情况决定。

# 二、金属轧制工有色金属行业职业标准

## 1. 职 业 概 况

### 1.1 职业名称

金属轧制工。

### 1.2 职业定义

操作轧机及辅助设备，将金属锭、坯轧制成板、带、箔、管等金属材的人员。

**1.3** 本职业共设五个等级,分别为:初级(国家职业资格五级)、中级(国家职业资格四级)、高级(国家职业资格三级)、技师(国家职业资格二级)、高级技师(国家职业资格一级)。

### 1.4 职业环境

室内，噪声，粉尘，辐射，高温，有害气体。

## 1.5　职业能力特征

有一定的观察、判断能力；动作协调，身体健康状况良好。

## 1.6　基本文化程度

初中毕业。

## 1.7　培训要求

1.7.1　培训期限

全日制职业学校教育，根据其培养目标和教学计划确定。晋级培训期限：初级、中级、高级均不少于180标准学时；技师、高级技师均不少于150标准学时。

1.7.2　培训教师

培训初级、中级、高级工的教师应具有本职业技师及以上职业资格证书或相关专业初级及以上技术职务任职资格；培训技师的教师应具有本职业高级技师资格证书或相关专业中级及以上专业技术任职资格；培训高级技师的教师应具有本职业高级技师资格证书2年以上或相关专业高级专业技术任职资格。

1.7.3　培训场地设备

满足教学需要的标准教室及具有轧机和相关配套设备的生产现场。

## 1.8　鉴定要求

1.8.1　适用对象

从事或准备从事本职业的人员。

1.8.2　申报条件

——初级（具备以下条件之一者）：

（1）经本职业初级正规培训达到规定标准学时数，并取得结业证书。

（2）在本职业连续见习工作1年以上。

（3）本职业学徒期满。

——中级（具备以下条件之一者）：

（1）取得本职业初级职业资格证书后，连续从事本职业工作2年以上，经本职业中级正规培训达到规定标准学时数，并取得结业证书。

（2）取得本职业初级职业资格证书后，连续从事本职业工作3年以上。

（3）连续从事本职业工作5年以上。

（4）取得经劳动保障行政部门审核认定的、以中级技能为培养目标的中等以上职业学校本职业（专业）毕业证书。

——高级（具备以下条件之一者）：

（1）取得本职业中级职业资格证书后，连续从事本职业工作3年以上，经本职业高级正规培训达到规定标准学时数，并取得结业证书。

（2）取得本职业中级职业资格证书后，连续从事本职业工作4年以上。

（3）取得经劳动保障行政部门审核认定的、以高级技能为培养目标的高等以上职业学校本职业（专业）毕业证书。

（4）取得本职业中级职业资格证书的大专以上本专业或相关专业毕业，连续从事本职业工作2年以上。

——技师（具备以下条件之一者）：

（1）取得本职业高级职业资格证书后，连续从事本职业工作4年以上，经本职业技师正规培训达到规定标准学时数，并取得结业证书。

（2）取得本职业高级职业资格证书后，连续从事本职业工作 6 年以上。

（3）取得本职业高级职业资格证书的高级技工学校本职业（专业）毕业生，连续从事本职业工作 2 年以上。

（4）取得本职业高级职业资格证书的本科以上本专业或相关专业毕业生，连续从事本职业工作 2 年以上。

——高级技师（具备以下条件之一者）：

（1）取得本职业技师职业资格证书后，连续从事本职业工作 3 年以上，经本职业高级技师正规培训达到规定标准学时数，并取得结业证书。

（2）取得本职业技师职业资格证书后，连续从事本职业工作 5 年以上。

1.8.3 鉴定方式

鉴定方式分为理论知识考试和技能操作考核。理论知识考试采用闭卷笔试方式，技能操作考核采用现场实际操作或模拟操作的方式。理论知识考试和技能考核均实行百分制，成绩皆达 60 分以上者为合格。技师、高级技师鉴定还须进行综合评审。

1.8.4 考评人员与考生配比

理论知识考试考评人员与考生的比例为 1∶20，每个标准教室不少于 2 名考评人员；技能操作考核考评人员与考生配比为 1∶5，且不少于 3 名考评员；综合评审委员不少于 5 人。

1.8.5 鉴定时间

理论知识考试时间为 90 ~ 120min；技能操作考核时间为 60 ~ 240min；综合评审时间不少于 20min。

1.8.6 鉴定场所设备

理论知识考试在标准教室进行。技能操作考核在具有金属轧制、管、板、线、型等配套设备的生产现场或模拟现场进行。

## 2. 基本要求

### 2.1 职业道德

2.1.1 职业道德基本知识

2.1.2 职业守则

（1）爱岗敬业，工作热情主动。

（2）认真负责，实事求是，严格按要求进行作业，保证工作质量。

（3）努力学习，不断提高轧制理论水平和实际操作技能。

（4）遵纪守法，公私分明。

（5）遵守工艺操作规程，执行工艺文件；遵守设备操作、维护、检修规程及安全技术规程。

### 2.2 基础知识

2.2.1 压力加工基础知识

（1）有色金属的基本物理性质、电化学性质及主要用途。

（2）常用有色金属及合金名称、牌号、成分、状态及加工性能。

（3）常用有色金属材料组织性能及热处理基础知识。

（4）轧制加工基本原理，厚度控制、板形控制基础知识。

（5）轧制生产工艺。

（6）轧机基本构造及工作原理。

（7）常用轧制参数计算方法。

（8）常见缺陷的名称、特征及分类。

2.2.2　机械、电气基础知识

（1）机械、电气常识。

（2）液压、气动控制基础知识。

（3）机械传动基础知识。

（4）电力拖动基础知识。

2.2.3　安全、防火、卫生、环保基础知识

（1）安全生产知识。

（2）消防安全知识。

（3）职业病预防知识。

（4）环境保护知识。

2.2.4　质量管理基础知识

（1）质量管理基本概念。

（2）现场质量管理基础知识。

（3）质量管理体系基础知识。

2.2.5　相关法律、法规知识

（1）劳动法相关知识。

（2）安全生产法相关知识。

（3）环境保护法相关知识。

## 3. 工作要求

本标准对初级、中级、高级、技师和高级技师的技术能要求依次递进，高级别涵盖低级别的要求。

### 3.1　初级（第二、三、四、五、六职业功能为可选模块，根据申请人情况任选其一）

| 职业功能 | 工作内容 | 技能要求 | 相关知识 |
| --- | --- | --- | --- |
| 一、工作准备 | （一）交接班 | 1. 能明确上一班工作情况及本班工作任务；<br>2. 能将本班工作情况向下一班交代清楚；<br>3. 能正确填写原始记录 | 1. 交接班规定；<br>2. 原始记录填写要求 |
| | （二）生产准备 | 1. 能准备工作所需的原料、辅料、生产工具，确认卷材的牌号、规格、状态、方向；<br>2. 能正确指挥或遥控天车进行卷材吊运；<br>3. 能进行导路清理作业；<br>4. 能进行导辊转动灵活性检查；<br>5. 能检查轧机导路清洁、导辊表面质量；<br>6. 识读生产卡片，知悉生产制品的合金牌号、状态、规格及坯料外观质量状况 | 1. 原料、辅料、生产工具的名称及用途；<br>2. 宽度、厚度测量方法；<br>3. 起重吊运指挥信号；<br>4. 安全常识；<br>5. 合金牌号、状态知识 |

续表

| 职业功能 | 工作内容 | 技能要求 | 相关知识 |
|---|---|---|---|
| 二、热粗轧机操作 | （一）导尺操作（或立导辊） | 能进行导尺（或立导辊）的打开、闭合、对中操作 | 导尺（或立导辊）操作规程 |
| | （二）辊道操作 | 能进行输送辊道正、反转和分段操作 | 辊道操作规程 |
| | （三）剪切 | 1. 能进行剪切头、尾和取样操作；<br>2. 能操作剪切机废料小车收集废料；<br>3. 能进行合金废料分类作业 | 1. 剪切机操作规程；<br>2. 剪切机的技术参数；<br>3. 废料分类、分级规定 |
| | （四）板坯标识 | 能进行板坯标识 | 产品标识规定 |
| | （五）测量作业 | 1. 能测量板材温度；<br>2. 能测量板材及试样厚度 | 1. 温度及厚度测量工具、器具的使用方法<br>2. 板材温度及厚度测量方法 |
| 三、热精轧机操作 | （一）清刷辊操作 | 能进行清刷辊的启停操作 | 清刷辊操作规程 |
| | （二）夹送辊操作 | 能操作夹送辊进行送料操作 | 夹送辊操作规程 |
| | （三）卷取 | 能操作助卷器和卷取机进行卷取操作 | 助卷器、卷取机操作规程 |
| | （四）三辊弯曲机操作 | 能操作三辊弯曲机进行送料操作 | 三辊弯曲机操作规程 |
| | （五）切边 | 能进行切边操作 | 切边机操作规程 |
| | （六）碎边运输机操作 | 1. 能启停碎边运输机；<br>2. 能操作碎边运输机收集废料；<br>3. 能进行合金废料分类作业 | 1. 碎边运输机操作规程；<br>2. 废料分类、分级规定 |
| | （七）导尺（或立导辊）操作 | 能进行导尺（或立导辊）的打开、闭合、对中操作 | 导尺（或立导辊）操作规程 |
| | （八）输送辊道操作 | 能进行输送辊道正、反转和分段操作 | 辊道操作规程 |
| | （九）卸卷 | 能进行卸卷操作 | 卸卷机操作规程 |
| | （十）卷材打捆 | 能对卷材进行打捆操作 | 卷材打捆装置的使用方法 |
| | （十一）卷材标识 | 能进行卷材标识 | 有色金属合金、状态基本知识 |
| | （十二）测量作业 | 1. 能测量板材温度；<br>2. 能测量板材及试样厚度 | 1. 温度及厚度测量工具、器具的使用方法；<br>2. 板材温度及厚度测量方法 |

续表

| 职业功能 | 工作内容 | 技能要求 | 相关知识 |
|---|---|---|---|
| 四、冷轧机操作 | （一）生产操作 | 1. 能操作运卷小车在开卷机、卷取机上装卸卷材、套筒；<br>2. 能操作套筒运输装置进行套筒的装卸、运输；<br>3. 能处理卷材头尾质量不良部分；<br>4. 能确认并操作机前装置进行穿带作业；<br>5. 能进行套筒、卷材的对中作业；<br>6. 能配合主操作将带材缠绕在卷取机上；<br>7. 能进行设备清理作业；<br>8. 能进行安全监护；<br>9. 能进行废料收集和分类作业 | 1. 冷轧机机架的结构；<br>2. 冷轧机操作规程；<br>3. 废料分类、分级规定 |
| | （二）板式过滤器操作 | 1. 能启停板式过滤器；<br>2. 识别压力报警信息；<br>3. 油品质的确定 | 1. 压力表的含义；<br>2. 板式过滤器的基本结构；<br>3. 助滤剂添加步骤；<br>4. 更换过滤纸（布）的步骤；<br>5. 环保基本知识 |
| | （三）$CO_2$ 灭火系统操作 | 1. 能在发现轧机机架、板式过滤器着火后及时按下一次 $CO_2$ 喷射按钮；<br>2. 能在发现地下油库着火后逃生、报警；<br>3. 能观察一次 $CO_2$ 喷射后的灭火效果，适时按下二次 $CO_2$ 喷射按钮；<br>4. 能在灭火系统自动启动失灵后进行手动操作；<br>5. 能正确使用空气呼吸器进行人员救护 | 1. 轧机安全防火基本知识；<br>2. 轧机 $CO_2$ 灭火系统的组成、作用；<br>3. $CO_2$ 灭火系统操作规程；<br>4. 空气呼吸器的使用方法 |
| 五、箔材轧机操作 | （一）生产操作 | 1. 能操作运卷小车在开卷机、卷取机上装卸卷材和套筒；<br>2. 能操作套筒运输装置进行套筒的装卸、运输；<br>3. 能正确调整、操作断箔刀；<br>4. 能操作并确认导辊、导板、防溅板、清辊器、压平辊、入口装置的穿带、工作位置；<br>5. 能进行套筒、卷材的对中作业；<br>6. 能按照正确步骤将各种规格的箔材穿过轧辊并缠绕在卷取机上；<br>7. 能进行设备清理作业；<br>8. 能进行安全、消防监护；<br>9. 能操作轧机废料小车；<br>10. 能进行废料收集、合金分类作业 | 1. 箔材轧机机架部分的基本结构；<br>2. 常规操作知识及开关、按穿带步骤位置；<br>3. 信号识别；<br>4. 穿带步骤；<br>5. 废料清理、收集方法 |

续表

| 职业功能 | 工作内容 | 技 能 要 求 | 相关知识 |
| --- | --- | --- | --- |
| 五、箔材轧机操作 | （二）板式过滤器操作 | 1. 能启停板式过滤器；<br>2. 识别压力报警信息；<br>3. 油品质的确定 | 1. 压力表的含义；<br>2. 板式过滤器的基本结构；<br>3. 助滤剂添加步骤；<br>4. 更换过滤纸（布）的步骤；<br>5. 环保基本知识 |
| | （三）$CO_2$ 灭火系统操作 | 1. 能在发现轧机机架、板式过滤器着火后及时按下一次 $CO_2$ 喷射按钮；<br>2. 能在发现地下油库着火后逃生、报警；<br>3. 能观察一次 $CO_2$ 喷射后的灭火效果，适时按下二次 $CO_2$ 喷射按钮；<br>4. 能进行 $CO_2$ 钢瓶的更换；<br>5. 能正确使用空气呼吸器进行人员救护 | 1. 轧机安全防火基本知识；<br>2. 轧机 $CO_2$ 灭火系统的组成、作用；<br>3. 压力容器使用基本知识；<br>4. 空气呼吸器的使用方法 |
| 六、轧管机操作 | （一）设备维护 | 能对设备进行清洁 | 设备维护方法 |
| | （二）工具装配 | 1. 能按生产卡片上制品尺寸选择轧管机孔型、芯头；<br>2. 能装卸轧管机芯头；<br>3. 能配合装卸大型轧管机孔型 | 1. 轧管工具规格；<br>2. 芯头装卸方法 |
| | （三）生产操作 | 1. 能按照操作程序空负荷启动轧管机各运动部件；<br>2. 能判定轧管机的基本运转状况是否良好；<br>3. 能润滑轧制毛料、轧管孔型；<br>4. 能连续操作芯杆穿料 | 1. 相关操作规程；<br>2. 设备各机构的作用；<br>3. 润滑油标号、名称、作用和质量要求 |
| | （四）检验作业 | 1. 能对坯料的表面质量进行检查；<br>2. 能使用测量工具测量坯料直径和壁厚 | 1. 坯料表面质量要求；<br>2. 卡尺、千分尺等测量工具的使用方法 |

### 3.2 中级（第一、二、三、四、五职业功能为可选模块，根据申请人情况任选其一）

| 职业功能 | 工作内容 | 技 能 要 求 | 相关知识 |
| --- | --- | --- | --- |
| 一、热粗轧机操作 | （一）主机操作 | 1. 能进行主机空负荷的正、反转操作；<br>2. 能进行主机空负荷轧辊压下、提升操作 | 主机操作规程 |
| | （二）送料异常处理 | 能处理送料过程中的异常现象 | |

续表

| 职业功能 | 工作内容 | 技能要求 | 相关知识 |
| --- | --- | --- | --- |
| 一、热粗轧机操作 | （三）检验 | 1. 能进行板材及试样纵、横向厚度测量和数据处理，并能计算中凸度；<br>2. 能检查、清理轧机导路；<br>3. 能检查轧辊表面质量；<br>4. 能按质量验收标准检查卷材的外观、表面质量及几何尺寸 | 1. 中凸度计算公式；<br>2. 基本质量验收标准；<br>3. 检查设备的基本方法 |
| | （四）剪切 | 能根据头、尾质量情况调整剪切量 | 剪切机工作原理 |
| | （五）换辊 | 1. 能识别操作盘（盒）上对应的功能开关转换装置；<br>2. 能打开、合上机架辊道；<br>3. 能打开、合上乳液阀架；<br>4. 能操作换辊小车进出牌坊；<br>5. 能转动工作辊使扁头处于正确位置；<br>6. 能确认液压缸、阀架处于正确位置；<br>7. 能完成支撑辊、工作辊的装入、抽出工作；<br>8. 能输入支撑辊、工作辊的辊径值，进行轧制线调整操作 | 1. 支撑辊、工作辊更换程序；<br>2. 换辊机构的构造；<br>3. 换辊状态时各装置的位置；<br>4. 轧制线调整方法 |
| 二、热精轧机操作 | （一）主机操作 | 1. 能进行主机空负荷的正、反转操作；<br>2. 能进行主机空负荷轧辊压下、提升操作 | 主机操作设备的使用目的和意义 |
| | （二）检验 | 1. 能进行板、带及试样纵、横向厚度测量和数据处理，并能计算中凸度；<br>2. 能检查轧机导路清洁及轧辊表面质量；<br>3. 能按质量验收标准检查卷材的外观、表面质量及几何尺寸 | 1. 数据处理方法；<br>2. 中凸度计算公式；<br>3. 基本质量验收标准；<br>4. 检查设备的基本方法 |
| | （三）碎屑运输机操作 | 能处理碎屑运输机卡、堵情况 | 屑碎运输机工作原理 |
| | （四）清刷辊操作 | 能根据不同的产品特点选择清刷辊压靠力 | 清刷辊压靠力操作的知识 |
| | （五）切边 | 能处理切边不对称情况 | |
| | （六）送料异常处理 | 能处理助卷、送料、穿带过程中的异常现象 | 送料处理知识 |
| | （七）测厚仪操作 | 1. 能进行测厚仪的校准、清零操作；<br>2. 能输入厚度补偿值；<br>3. 能启、停测厚仪 | 1. 测厚仪工作原理；<br>2. 测厚仪操作规程；<br>3. 测厚仪防辐射常识 |

续表

| 职业功能 | 工作内容 | 技能要求 | 相关知识 |
| --- | --- | --- | --- |
| 二、热精轧机操作 | （八）换辊 | 1. 能识别操作盘（盒）上对应的功能开关转换装置；<br>2. 能打开、合上机架辊道；<br>3. 能打开、合上乳液阀架；<br>4. 能操作换辊小车进出牌坊；<br>5. 能转动工作辊使扁头处于正确位置；<br>6. 能确认液压缸、阀架处于正确位置；<br>7. 能完成支撑辊、工作辊的装入、抽出工作；<br>8. 能输入支撑辊、工作辊的辊径值，进行轧制线调整操作 | 1. 支撑辊、工作辊更换程序；<br>2. 换辊机构的构造；<br>3. 换辊状态时各装置的位置；<br>4. 轧制线调整方法 |
| 三、冷轧机操作 | （一）生产准备 | 1. 能按质量验收标准检查卷材的外观、表面质量及几何尺寸；<br>2. 能判断是否具备开机条件；<br>3. 能进行单体设备的空负荷运转；<br>4. 能进行卷径与卷重的换算 | 1. 质量验收标准；<br>2. 检查设备的基本方法；<br>3. 卷径与卷重的换算方法 |
| | （二）生产操作 | 1. 能进行测厚仪传感器的操作、清理作业；<br>2. 能调整切边刀位置；<br>3. 能根据卷取情况调整压平辊压力、位置；<br>4. 能调整吹扫装置的风量、角度；<br>5. 能识别显示器上显示的各种参数；<br>6. 能识别报警信息；<br>7. 能分辨设备运行的异常声音；<br>8. 能进行各种停车操作 | 1. 各种仪器仪表的作用；<br>2. 加热、冷却器基本工作原理；<br>3. 切边装置结构；<br>4. 压平辊结构、作用；<br>5. 吹扫装置的结构；<br>6. 设备保护装置的作用 |
| | （三）换辊操作 | 1. 能识别操作盘（盒）上对应的功能开关转换装置；<br>2. 能操作移出、投入清辊器、防溅板、导板、入口装置；<br>3. 能转动工作辊使扁头处于正确位置；<br>4. 能够正确装、卸润滑油软管、液压缸软管的快速接头；<br>5. 能正确装、卸轴承座温度传感器插头；<br>6. 能正确装、卸电缆线插头；<br>7. 能正确移动牵引小车（缸）挂钩、支撑辊隔离柱 | 1. 轧辊的结构；<br>2. 换辊状态时各装置的位置；<br>3. 快速接头、插头的装、卸方法 |

续表

| 职业功能 | 工作内容 | 技能要求 | 相关知识 |
|---|---|---|---|
| 四、铝箔轧机操作 | （一）生产准备 | 1. 能按质量验收标准检查卷材的外观、表面质量及几何尺寸；<br>2. 能判断是否具备开机条件；<br>3. 能进行单体设备的空负荷运转；<br>4. 能进行卷径与卷重的换算 | 1. 质量验收标准；<br>2. 检查设备的基本方法；<br>3. 卷径与卷重的换算方法 |
| | （二）生产操作 | 1. 能查找轧制产生擦伤、划伤、色差、印痕的原因并进行处理（按照难度不同安排在初、中、高级）；<br>2. 能进行双零箔针孔数检测；<br>3. 能使用千分尺、光学测厚仪和采用称重法测量箔材厚度；<br>4. 能使用测温仪测量卷材温度 | 1. 表面缺陷产生原因；<br>2. 针孔箱使用方法；<br>3. 测量工具、器具的使用方法 |
| | （三）换辊 | 1. 能识别操作盘（盒）上对应的功能开关转换装置；<br>2. 能打开、合上机架；<br>3. 能拆装液压、润滑油系统的快速接头；<br>4. 能操作换辊小车进出牌坊；<br>5. 能转动工作辊使扁头处于正确位置；<br>6. 能确认液压缸处于正确位置；<br>7. 能完成支撑辊、工作辊的装入、抽出工作；<br>8. 能操作支撑辊、工作辊锁紧装置；<br>9. 能输入支撑辊、工作辊的辊径值，进行轧制线调整操作 | 1. 支撑辊、工作辊更换程序；<br>2. 换辊机构的构造；<br>3. 换辊状态时各装置的位置；<br>4. 轧制线调整方法 |
| 五、轧管机操作 | （一）设备维护 | 能按要求进行轧管机点检 | 设备点检制度 |
| | （二）工具装配 | 1. 能按生产卡片上制品尺寸选择轧管机芯杆；<br>2. 能使用工具打磨芯头、芯杆；<br>3. 能装卸芯杆；<br>4. 能装卸小型轧管机孔型 | 1. 芯头、芯杆打磨质量要求；<br>2. 芯杆、孔型装卸方法 |
| | （三）生产操作 | 1. 能操作轧管机对坯料进行轧制；<br>2. 能根据轧出制品壁厚超差情况进行芯杆位置的调整；<br>3. 能处理生产过程中的断芯杆、芯头问题 | 1. 轧管生产工艺规程；<br>2. 轧管生产操作规程；<br>3. 轧管工具调整方法；<br>4. 制品尺寸公差要求；<br>5. 产品质量标准 |
| | （四）检验作业 | 1. 能判断轧出制品的平均壁厚是否符合工艺要求；<br>2. 能判断轧出制品的表面质量是否符合工艺要求 | 产品质量标准 |

续表

| 职业功能 | 工作内容 | 技能要求 | 相关知识 |
| --- | --- | --- | --- |
| 六、工艺润滑管理 | （一）工艺参数确认 | 1. 能根据工艺要求确认工艺油理化指标是否满足要求；<br>2. 能确认油温、油压是否满足要求 | 1. 工艺润滑油的使用要求；<br>2. 工艺润滑油的作用 |
| | （二）监控润滑油 | 1. 能判断工艺润滑油清洁程度；<br>2. 能判断油位是否正常 | |

**3.3 高级（第一、二、三、四、五职业功能为可选模块，根据申请人情况任选其一）**

| 职业功能 | 工作内容 | 技能要求 | 相关知识 |
| --- | --- | --- | --- |
| 一、热粗轧机操作 | （一）主机操作 | 1. 能按照工艺规程轧制产品；<br>2. 能根据产品温度、表面质量要求调整压下量、轧制速度等轧制工艺参数 | 1. 轧制工艺；<br>2. 产品质量标准 |
| | （二）检验 | 能对板材厚度及板形异常进行判断 | 厚度控制方法 |
| | （三）轧制异常处理 | 能处理轧制过程中异常现象 | 轧制过程中异常现象处理方法 |
| | （四）换辊 | 1. 能按工艺要求选择、验收轧辊；<br>2. 能判断在用轧辊的质量状况 | 轧辊质量要求 |
| 二、热精轧机操作 | （一）主机操作 | 能轧制产品 | 1. 轧制工艺；<br>2. 产品质量标准；<br>3. 弹跳基本知识 |
| | （二）检验 | 能对带材厚度及板形异常进行判断 | 厚度控制原理 |
| | （三）轧制异常处理 | 1. 能处理轧制过程中异常现象；<br>2. 能调整压下、液压弯辊、冷却液、张力，控制板形 | 1. 轧制过程中异常现象处理方法；<br>2. 板形控制方法 |
| | （四）换辊 | 1. 能按工艺要求选择、验收轧辊；<br>2. 能判断在用轧辊的质量状况 | 轧辊质量要求 |

续表

| 职业功能 | 工作内容 | 技能要求 | 相关知识 |
|---|---|---|---|
| 三、冷轧机操作 | （一）生产准备 | 1. 能确认轧机启动条件；<br>2. 能完成轧机各系统启动和停止作业 | 1. 冷轧机的工作条件；<br>2. 冷轧机各系统的作用 |
| | （二）生产操作 | 1. 能设定工艺参数；<br>2. 能根据产品规格选择电机配置；<br>3. 能进行测厚仪的校准、清零操作；<br>4. 能进行工作辊的辊缝关闭、打开及对辊、预热作业；<br>5. 能进行轧制速度、轧制压力、弯辊、倾斜、张力、分段冷却手动控制；<br>6. 能按照工艺规程完成产品轧制作业 | 1. 工艺参数对轧制过程的影响；<br>2. 工艺参数输入方法；<br>3. 冷轧机控制系统的组成及工作原理；<br>4. 电机切换条件及方法；<br>5. 测厚仪校准方法；<br>6. 液压系统、润滑系统、气动系统、冷却系统的基本结构；<br>7. 工艺规程 |
| | （三）换辊 | 1. 能按工艺要求选择、验收轧辊；<br>2. 能判断在用轧辊的质量状况 | 轧辊质量要求 |
| | （四）质量控制 | 1. 能根据在线板形、厚差，采取处理措施；<br>2. 能判断工作辊参数、轧制油性能对产品质量、轧制过程的影响；<br>3. 能处理轧制过程中产生的缺陷；<br>4. 能根据质量标准判断卷材质量 | 1. 工艺参数对产品质量的影响；<br>2. 缺陷处理方法；<br>3. 产品质量标准 |
| 四、箔轧机操作 | （一）生产准备 | 1. 能确认轧机启动条件；<br>2. 能完成轧机各系统启动和停止作业 | 1. 箔轧机的工作条件；<br>2. 箔轧机各系统的作用 |
| | （二）生产操作 | 1. 能设定工艺参数；<br>2. 能根据产品规格选择电机配置；<br>3. 能进行测厚仪的校准、清零操作；<br>4. 能进行工作辊的辊缝关闭、打开及对辊、预热作业；<br>5. 能根据产品规格选择轧制模式；<br>6. 能进行轧制速度、轧制压力、液压弯辊、倾斜、张力、分段冷却手动控制；<br>7. 能根据卷取情况调整压平辊压力、位置；<br>8. 能按照工艺规程完成产品轧制作业 | 1. 工艺参数对轧制过程的影响；<br>2. 工艺参数输入方法；<br>3. 箔轧机控制系统的组成及工作原理；<br>4. 电机切换条件及方法；<br>5. 测厚仪校准方法；<br>6. 液压系统、润滑系统、气动系统、冷却系统的基本结构；<br>7. 压平辊工作原理；<br>8. 工艺规程 |
| | （三）换辊 | 1. 能按工艺要求选择、验收轧辊；<br>2. 能判断在用轧辊的质量状况 | 1. 轧辊工艺要求；<br>2. 轧辊质量要求 |

续表

| 职业功能 | 工作内容 | 技能要求 | 相关知识 |
| --- | --- | --- | --- |
| 四、箔轧机操作 | （四）质量控制 | 1. 能根据在线板形、厚差，采取处理措施；<br>2. 能判断工作辊参数、轧制油性能对产品质量、轧制过程的影响；<br>3. 能处理轧制过程中产生的缺陷；<br>4. 能根据质量标准判断卷材质量 | 1. 工艺参数对产品质量的影响；<br>2. 箔材厚度控制方法及速度效应机理；<br>3. 缺陷处理方法；<br>4. 产品质量标准 |
| 五、轧管机操作 | （一）设备维护 | 能根据设备运行状况，判断设备有无异常 | 轧管机设备构造及工作原理 |
| | （二）生产操作 | 能根据轧出制品的质量状况正确调整轧管机送料量、回转角、孔型间隙 | 工具调整方法 |
| | （三）检验作业 | 能分析制品壁厚超差、表面缺陷的产生原因并采取措施予以消除 | 制品缺陷的产生原因 |
| 六、设备管理 | 设备故障处理 | 1. 能判断轧机机组故障类别、发现设备一般故障隐患；<br>2. 能判断液压站、冷却系统不能启动的下列影响因素：<br>（1）油箱油位偏低；<br>（2）油温超高。<br>3. 能判断检修质量 | 1. 轧机机组的电气控制、液压控制、气动控制系统的工作原理；<br>2. 排除设备故障的一般方法 |
| 七、培训与指导 | 传授技艺 | 能指导初级、中级工的实际操作 | 实际操作的培训方法 |

## 3.4 技师（第一、二、三、四、五职业功能为可选模块，根据申请人情况任选其一）

| 职业功能 | 工作内容 | 技能要求 | 相关知识 |
| --- | --- | --- | --- |
| 一、热粗轧机操作 | （一）主机操作 | 1. 能进行高难度（高合金化、难加工）产品的轧制操作；<br>2. 能根据轧机弹跳值进行辊缝调整 | 1. 高难度产品变形特性；<br>2. 轧机弹跳值的测量方法 |
| | （二）轧制异常处理 | 能分析轧制过程中异常现象的产生原因 | 1. 轧制参数的相互关系；<br>2. 异常现象产生的原因 |
| 二、热精轧机操作 | （一）主机操作 | 能进行高难度（高合金化、难加工）产品的轧制操作 | 高难度产品变形特性 |
| | （二）轧制异常处理 | 能分析轧制过程中异常现象的产生原因 | 1. 轧制参数的相互关系；<br>2. 异常现象产生的原因 |

续表

| 职业功能 | 工作内容 | 技能要求 | 相关知识 |
| --- | --- | --- | --- |
| 三、冷轧机操作 | （一）生产操作 | 1. 能进行中高强度合金的轧制；<br>2. 能进行超规格冷轧产品的轧制 | 中高强度合金的变形特性 |
| | （二）轧制异常处理 | 能分析轧制过程中异常现象的产生原因 | 1. 轧制参数的相互关系；<br>2. 异常现象产生的原因 |
| 四、箔轧机操作 | （一）生产操作 | 1. 能进行中等强度合金箔材的轧制；<br>2. 能进行超规格箔材产品的轧制 | 中等强度合金箔的变形特性 |
| | （二）轧制异常处理 | 能分析轧制过程中异常现象的产生原因 | 1. 轧制参数的相互关系；<br>2. 异常现象产生的原因 |
| 五、轧管机操作 | （一）设备维护 | 1. 能预防和发现设备隐患；<br>2. 能判断设备状况是否满足工艺要求 | 设备状况影响生产工艺的原因 |
| | （二）工具调整 | 1. 能设计芯头；<br>2. 能打磨孔型 | 1. 机械制图基础知识；<br>2. 工具结构 |
| | （三）生产操作 | 1. 能判断轧管工艺的合理性；<br>2. 能轧制难度较高的合金制品；<br>3. 能轧制超薄壁厚、表面质量要求较高的制品 | 1. 工艺参数计算方法；<br>2. 金属轧制变形原理 |
| 六、生产管理 | 作业组织 | 能在作业中合理安排和协调人员、设备、工作程序 | 物流管理基本知识 |
| 七、设备管理 | 设备维护和检修 | 1. 能对大修、中修轧机质量进行检查评判；<br>2. 能制定轧机设备维护和检修方案 | 设备大、中修质量标准 |
| 八、技术管理 | （一）技术改进与创新 | 胜任下列工作之一：<br>1. 能针对生产或设备系统中存在的薄弱环节编制改进方案，并组织实施；<br>2. 能参与新工艺、新设备、新产品的开发、设计、试验 | 本岗位新工艺、新技术、新设备、新产品发展方向 |
| | （二）控制工艺技术条件 | 能在生产系列参数发生变化时，合理调整技术条件 | 1. 技术参数的相互关系；<br>2. 质量管理、数理统计基础知识 |
| | （三）技术总结 | 能对生产实践经验进行总结 | |
| 九、指导与培训 | （一）理论培训 | 能对初级、中级、高级工进行专业基础理论知识的培训 | |
| | （二）指导操作 | 能系统地示范实际操作技巧，并能指导初级、中级、高级工的实际操作 | 操作指导方法 |

## 3.5　高级技师（第一、二、三、四、五职业功能为可选模块，根据申报人情况任选其一）

| 职业功能 | 工作内容 | 技能要求 | 相关知识 |
| --- | --- | --- | --- |
| 一、热粗轧机操作 | 操作主机 | 1. 能进行极高难度（超轧机设计能力规格、极难加工、极特殊要求）产品的轧制操作；<br>2. 能验收新建、技改轧机 | 1. 非常规轧制的方法；<br>2. 轧机验收要求 |
| 二、热精轧机操作 | 操作主机 | 1. 能进行极高难度(超轧机设计能力规格、极难加工、极特殊要求)产品的轧制操作；<br>2. 能验收新建、技改轧机 | 1. 非常规轧制的方法；<br>2. 轧机验收要求 |
| 三、冷轧机操作 | 控制技术条件 | 1. 能对冷轧机机组的运行趋势进行综合评判和预测；<br>2. 能综合评判技术参数对技术经济指标的影响；<br>3. 能对工艺、设备中存在的影响轧制质量、生产效率的缺陷提出改进建议；<br>4. 能掌握精整工序的矫直、分切、切片等机列的基本运行情况及质量控制和验收要求 | 1. 冷轧机稳定性的影响因素；<br>2. 数理统计的基础知识；<br>3. 轧制原理的基本知识；<br>4. 精整机列的设备知识和控制原理 |
| 四、箔材轧机操作 | 控制技术条件 | 1. 能对箔材轧机机组的运行趋势进行综合评判和预测；<br>2. 能综合评判技术参数对技术经济指标的影响；<br>3. 能对工艺、设备中存在的影响轧制质量、生产效率的缺陷提出改进建议；<br>4. 能对箔材合卷机提出符合油膜分布、切边、卷取质量要求 | 1. 箔材轧机稳定性的影响因素；<br>2. 数理统计的基础知识；<br>3. 箔材轧制原理的基本知识；<br>4. 箔材合卷机的技术特点 |
| 五、轧管机操作 | （一）生产操作 | 1. 能对轧管工艺的合理性进行分析并提出改进意见；<br>2. 生产出高精度、高难度的制品 | 生产工艺的编制方法 |
| | （二）质量管理 | 能全方位分析质量问题的产生原因并提出解决方案 | 质量管理知识 |
| 六、设备管理 | 设备事故处理和维护 | 1. 能协助分析设备事故原因，制定防范措施；<br>2. 能配合编写《设备使用维护规程》；<br>3. 能系统地总结生产中设备的操作经验 | 设备事故的处理知识 |
| 七、技术管理 | （一）技术交流与总结 | 1. 能系统地总结轧制生产的实践经验；<br>2. 能参与金属轧制行业的技术交流 | 轧制技术发展动态 |
| | （二）技术创新 | 能撰写技术攻关、技术开发专题项目的研究报告、总结报告 | 科技论文写作 |
| | （三）质量管理 | 能协助编写质量管理体系文件 | 质量管理体系文件的基本知识 |

续表

| 职业功能 | 工作内容 | 技能要求 | 相关知识 |
|---|---|---|---|
| 八、培训与指导 | （一）理论知识培训 | 1. 能合理安排教学内容，选择适当的教学方式；<br>2. 能系统地讲授金属轧制生产理论知识；<br>3. 能传授处理生产中技术问题的方法和技巧 | 技能培训方法 |
| | （二）传授技艺 | 能对初、中、高级工和技师进行实际操作指导 | |

# 4. 比　重　表

## 4.1　理论知识

| 项　　目 | | 初级/% | 中级/% | 高级/% | 技师/% | 高级技师/% |
|---|---|---|---|---|---|---|
| 基本要求 | 职业道德 | 5 | 5 | 5 | 5 | 5 |
| | 基础知识 | 30 | 25 | 20 | 15 | 15 |
| 相关知识 | 生产条件准备 | 30 | 25 | 15 | | |
| | 生产操作 | 35 | 35 | 45 | 40 | 10 |
| | 润滑油管理 | | 10 | | | |
| | 设备管理 | | | 10 | 10 | 15 |
| | 技术管理 | | | | 10 | 25 |
| | 生产管理 | | | | 10 | 10 |
| | 培训与指导 | | | 5 | 10 | 20 |
| 合　　计 | | 100 | 100 | 100 | 100 | 100 |

## 4.2　技能操作

| 项　　目 | | 初级/% | 中级/% | 高级/% | 技师/% | 高级技师/% |
|---|---|---|---|---|---|---|
| 技能要求 | 生产条件准备 | 45 | 25 | 20 | | |
| | 生产操作 | 55 | 55 | 60 | 45 | 20 |
| | 润滑油管理 | | 20 | | | |
| | 设备管理 | | | 15 | 15 | 20 |
| | 技术管理 | | | | 20 | 30 |
| | 生产管理 | | | | 5 | 5 |
| | 培训与指导 | | | 5 | 15 | 25 |
| 合　　计 | | 100 | 100 | 100 | 100 | 100 |

# 三、金属材丝拉拔工有色金属行业职业标准

## 1. 职 业 概 况

**1.1　职业名称**

金属材丝拉拔工。

**1.2　职业定义**

操作调整拉拔设备，拔制金属管、棒、型、线、丝材的人员。

**1.3　职业等级**

本职业设五个等级，分别为：初级（国家职业资格五级）、中级（国家职业资格四级）、高级（国家职业资格三级）、技师（国家职业资格二级）、高级技师（国家职业资格一级）。

**1.4　职业环境**

室内，常温，噪声，粉尘。

**1.5　职业能力特征**

具有一定的观察、判断能力和计算能力，手指、手臂灵活，动作协调，视力良好，听觉正常，身体状况良好。

**1.6　基本文化程度**

初中毕业。

**1.7　培训要求**

1.7.1　培训期限

全日制职业学校教育，根据其培养目标和教学计划确定。晋级培训期限：初级、中级均不少于180标准学时；高级不少于150标准学时；技师、高级技师均不少于100标准学时。

1.7.2　培训教师

培训初、中、高级工的教师应具有本职业技师以上职业资格或相关专业中级及以上专业技术职务任职资格；培训技师的教师应具有本职业高级技师职业资格、相关专业中级专业技术职务任职资格2年以上或高级专业技术职务任职资格；培训高级技师的教师应具有本职业高级技师职业资格2年以上、相关专业中级专业技术职务任职资格5年以上或高级专业技术职务任职资格。

1.7.3　培训场地设备

满足教学需要的标准教室及具有拉拔机配套设备的生产现场或模拟生产现场。

**1.8　鉴定要求**

1.8.1　适用对象

从事或准备从事本职业的人员。

1.8.2　申报条件

——初级（具备以下条件之一者）：

（1）经本职业初级（五级）正规培训达到规定标准学时数，并取得结业证书。

（2）在本职业连续见习工作1年以上。

（3）本职业学徒期满。

——中级（具备以下条件之一者）：

（1）取得本职业初级（五级）职业资格证书后，连续从事本职业2年以上，经本职业中级（四级）正规培训达到规定标准学时数，并取得结业证书。

（2）取得本职业初级（五级）职业资格证书后，连续从事本职业3年以上。

（3）连续从事本职业工作5年以上。

（4）取得经劳动保障行政部门审核认定的、以中级（四级）技能为培训目标的中等以上职业学校本职业（专业）毕业证书。

——高级（具备以下条件之一者）：

（1）取得本职业中级（四级）职业资格证书后，连续从事本职业3年以上，经本职业高级（三级）正规培训达到规定标准学时数，并取得结业证书。

（2）取得本职业中级（四级）职业资格证书后，连续从事本职业4年以上。

（3）取得高级技工学校或劳动保障行政部门审核认定的、以高级（三级）技能为培训目标的高等职业学校本职业（专业）毕业证书。

（4）取得本职业中级（四级）职业任职资格证书的大专以上专业或相关专业毕业生，连续从事本职业工作2年以上。

——技师（具备以下条件之一者）：

（1）取得本职业高级（三级）职业资格证书后，连续从事本职业4年以上，经本职业技师（二级）正规培训达到规定标准学时数，并取得结业证书。

（2）取得本职业高级（三级）职业资格证书后，连续从事本职业6年以上。

（3）取得本职业高级（三级）职业的高级技工学校本职业（专业）毕业生和大专以上本专业或相关专业毕业生，连续从事本职业工作2年以上。

——高级技师（具备以下条件之一者）：

（1）取得本职业技师（二级）职业资格证书后，连续从事本职业3年以上，经本职业高级技师（一级）正规培训达到规定标准学时数，并取得结业证书。

（2）取得本职业技师（二级）职业资格证书后，连续从事本职业5年以上。

1.8.3 鉴定方式

鉴定方式分为理论知识考试和技能操作考核。理论知识考试采用闭卷笔试方式，技能操作考核采用现场实际操作方式。理论知识考试和技能操作考核均实行百分制，成绩皆达到60分及以上者为合格。技师和高级技师须进行综合评审。

1.8.4 考评人员与考生配比

理论知识考试考评人员与考生配比为1∶20，每个标准教室不少于2名考评人员；技能操作考核考评人员与考生配比1∶5，且不少于3名考评员；综合评审委员不少于5人。

1.8.5 鉴定时间

理论知识考试不少于120min；技能操作考试时间60～180min；综合评审时间不少于30min。

1.8.6 鉴定场所设备

理论知识考试在标准教室里进行；技能操作考核在包括拉拔机及必要的工具、量具和相关辅助设备等生产现场或模拟生产现场进行。

## 2. 基 本 要 求

### 2.1 职业道德

2.1.1 职业道德基本知识

2.1.2 职业守则

（1）遵守法律、法规和有关规定；

（2）爱岗敬业、具有高度的责任心；

（3）严格执行工作程序、工作规范、工艺文件和安全操作规程；

（4）工作认真负责，团结合作；

（5）爱护设备及工模具、量具；

（6）着装整洁，符合规定，保持工作环境清洁有序，文明生产。

### 2.2 基础知识

2.2.1 基础理论知识

（1）金属及合金名称、牌号、成分、规格、状态表示方法；

（2）常用金属材料及热处理基础知识；

（3）常用拉拔工具、模具材料性能及热处理基础知识；

（4）机械、电气基础知识。

2.2.2 金属拉拔专业基础知识

（1）金属拉拔变形原理；

（2）金属拉拔方法分类及特点；

（3）拉拔工艺及润滑知识；

（4）金属拉拔常见缺陷及产生的原因；

（5）拉拔工模具的使用和维护知识；

（6）拉拔设备的操作和维护知识。

2.2.3 安全文明生产与环境保护知识

（1）现场文明生产要求；

（2）安全操作与劳动保护知识；

（3）环境保护知识。

2.2.4 质量管理知识

（1）企业的质量方针；

（2）岗位的质量要求；

（3）岗位的质量保证措施与责任。

2.2.5 相关法律、法规知识

（1）劳动法相关知识；

（2）合同法相关知识；

（3）环境保护法相关知识。

## 3. 工 作 要 求

本标准对初级、中级、高级、技师和高级技师的技能要求依次递进，高级别涵盖低级别的要求。

## 3.1　初级（第二职业功能为可选模块，根据申报人情况选择）

| 职业功能 | 工作内容 | 技能要求 | 相关知识 |
|---|---|---|---|
| 一、准备工作 | （一）交、接班 | 1. 能明确上一个班工作情况及本班的工作任务；<br>2. 能将本班工作情况向下一班交代清楚；<br>3. 能正确填写原始记录 | 1. 交、接班规定；<br>2. 原始记录的填写要求 |
| | （二）工、模、量具准备 | 能按工艺卡片领取生产所需的工、模、量具 | 工、模、量具名称、用途 |
| | （三）物料准备 | 能准备生产所需原料、辅料 | 原料、辅料名称及辅料用途 |
| | （四）生产准备 | 1. 能读生产卡片，知悉坯料、制品的牌号、规格；<br>2. 能对设备进行外观检查，确认设备是否完好；<br>3. 能进行本工序设备的空负荷运转 | 设备检查的基本方法 |
| 二、坯料端头加工 | （一）端头加热 | 能按金属及合金坯料、品种的加热制度加热坯料端头 | 金属及合金加热制度 |
| | （二）端头加工 | 能使用制头设备制作常规形状的拉拔端头 | 1. 制头设备的结构；<br>2. 坯料端头的加工方法 |
| 三、拉拔操作 | （一）拉拔润滑 | 能根据拉拔方法对所拉制的物料进行工艺润滑操作 | 润滑剂的种类及作用 |
| | （二）装、卸料 | 能进行坯料（或丝材）的上机装料卸料作业 | 1. 上料、卸料机构基本构造；<br>2. 吊运相关知识 |
| | *坯料（或丝材）及模具加热或冷却 | 能根据工艺要求进行坯料或模具加热或冷却 | 坯料、模具加热或冷却规程 |
| | （三）金属拉拔 | 1. 能启动和停止拉拔机；<br>2. 能装卸拉伸模、芯头、芯杆；<br>3. 能进行圆形断面管、棒、线、丝材的拉拔操作；<br>4. 能检测制品内外径、壁厚、长度 | 1. 拉拔机的名称和类型；<br>2. 拉拔机操作规程；<br>3. 量具使用方法 |
| 四、设备维护与故障处理 | （一）设备维护 | 能对设备进行清扫、清洁 | 设备维护的基本要求 |
| | （二）故障处理 | 能发现设备异常情况 | 设备故障判断的基本方法 |

**3.2　中级（第二职业功能为可选模块，根据申报人情况选择）**

| 职业功能 | 工作内容 | 技能要求 | 相关知识 |
| --- | --- | --- | --- |
| 一、准备工作 | （一）交、接班 | 能对交、接班情况进行现场确认，并对遗留问题提出处理建议 | 1. 拉拔机的基本结构；<br>2. 拉拔模、芯头规格系列 |
| | （二）生产准备 | 1. 能判断设备空负荷运转是否正常；<br>2. 能够根据生产卡片选择拉拔模、芯头等工具 | |
| 二、坯料端头加工 | （一）端头制作工具的选择或安装 | 能依据制品规格选择或安装端头制作工具 | 端头制作工具选择或安装方法 |
| | （二）端头加工 | 1. 能依据制品规格加工不同形状的端头；<br>2. 能依据拉拔情况修整端头 | 端头制作方法 |
| 三、拉拔操作 | （一）修伤 | 能对坯料表面缺陷进行修理 | 坯料表面缺陷修理方法 |
| | （二）工模具选配 | 1. 能依据工艺卡片选配工、模具；<br>*2. 能对拉拔模、芯头表面杂质进行简单处理 | 工、模具使用知识 |
| | （三）金属拉拔 | 1. 能根据工艺要求选择拉拔工艺参数；<br>2. 能根据所生产的合金、品种选择润滑剂；<br>3. 能处理拉拔过程中制品拉断现象 | 1. 润滑剂选配知识；<br>2. 拉拔异常情况处理方法 |
| | （四）质量控制 | 1. 能发现制品内外表面质量缺陷；<br>2. 能判断制品尺寸是否合格 | 制品技术要求 |
| 四、设备维护与故障处理 | （一）设备维护 | 1. 能对设备进行点检；<br>2. 能按要求对设备进行润滑、紧固 | 设备维护与使用规程 |
| | （二）故障处理 | 能处理一般的设备故障 | |

**3.3　高级**

| 职业功能 | 工作内容 | 技能要求 | 相关知识 |
| --- | --- | --- | --- |
| 一、拉拔操作 | （一）识图 | 1. 能识读制品断面形状图；<br>2. 能识读工模具图 | 识图知识 |
| | （二）金属拉拔 | 1. 能拉拔复杂断面的管、棒、型材或较高精度的线、丝材；<br>2. 能根据制品的尺寸、精度进行模具、工艺参数调整；<br>3. 能判定和处理生产过程中异常现象 | 拉拔工艺及配模 |
| | （三）质量控制 | 能判断制品内、外表面质量缺陷产生的主要原因，并能采取改进措施 | 表面缺陷消除方法 |

续表

| 职业功能 | 工作内容 | 技能要求 | 相关知识 |
|---|---|---|---|
| 二、设备维护与故障处理 | （一）设备维护 | 能通过空负荷试车判断维修质量 | 排除设备故障的一般方法 |
| | （二）故障处理 | 能发现设备一般故障隐患 | |
| 三、培训与指导 | 传授技艺 | 能指导初级、中级工的实际操作 | 实际操作方法 |

## 3.4 技师

| 职业功能 | 工作内容 | 技能要求 | 相关知识 |
|---|---|---|---|
| 一、拉拔操作 | （一）金属拉拔 | 1. 能编制管、棒、线、丝材的拉拔工艺；<br>2. 能对新产品拉拔工艺参数的合理性进行分析，并提出改进建议；<br>3. 能对型材拉拔试模或拉拔高精度线、丝材，并提出改进建议 | 1. 拉拔工艺编制方法；<br>2. 拉拔配模计算方法 |
| | （二）拉拔配模计算 | 能进行管、棒、型、线、丝材拉拔配模计算 | |
| 二、设备维护与故障处理 | （一）设备维护 | 能通过设备点检发现设备故障隐患 | 1. 设备大、中修验收标准；<br>2. 新设备技术性能要求 |
| | （二）设备调试 | 1. 能进行大、中修设备的调试；<br>2. 能进行新设备的调试操作 | |
| 三、技术管理 | （一）技术总结 | 1. 能对生产实践进行总结；<br>2. 能对生产工艺优化整合 | 1. 工艺参数的相互关系；<br>2. 统计基础知识 |
| | （二）技术改进与创新 | 1. 能针对生产或设备系统中存在的薄弱环节编制改进方案，并组织实施；<br>2. 能提出新工艺、新产品的研究建议；<br>3. 能分析影响工序成品率或合格率的因素，并提出改进措施 | 1. 本岗位新工艺、新技术、新设备、新产品的发展方向；<br>2. 全面质量管理知识 |
| 四、培训与指导 | （一）理论培训 | 1. 能编写培训讲义；<br>2. 能对初级、中级、高级工进行专业基础理论知识培训 | 培训教学的基本方法 |
| | （二）指导操作 | 能系统地示范实际操作技巧，并能指导高级工的实际操作 | |

### 3.5　高级技师

| 职业功能 | 工作内容 | 技能要求 | 相关知识 |
|---|---|---|---|
| 一、拉拔操作 | （一）拉拔工具设计 | 1. 能设计简单拉拔模或芯头；<br>2. 能对拉拔模设计提出改进建议 | 拉拔工具设计知识 |
| | （二）金属拉拔 | 1. 能解决高精度、高难度制品拉拔加工的技术问题；<br>2. 能进行操作技术攻关 | 高精度、高难度制品拉拔加工的方法 |
| 二、设备维护与故障处理 | （一）设备故障处理 | 能参与分析设备故障发生原因，制定防范措施 | 1. 设备故障的处理知识；<br>2. 新设备技术性能 |
| | （二）新设备调试 | 能进行新设备调试，并判定新设备的设计、安装的合理性 | |
| 三、技术管理 | （一）技术总结与交流 | 1. 能系统地总结拉拔生产的实践经验；<br>2. 能撰写技术总结、论文、项目研究报告 | 1. 本行业技术发展动态；<br>2. 论文撰写要求 |
| | （二）工艺改进和技术创新 | 1. 能推广应用新工艺、新材料、新技术、新设备；<br>2. 能按质量体系标准的相关要求组织实施工艺改进和技术创新 | 1. 拉拔新工艺、新设备应用实例；<br>2. 质量控制体系的相关要求 |
| 四、培训与指导 | （一）理论知识培训 | 1. 能合理安排教学内容，选择适当的教学方式；<br>2. 能系统地讲授拉拔生产基础理论知识 | 1. 技能培训的基本要求；<br>2. 操作指导方法；<br>3. 培训讲义的编写格式 |
| | （二）传授技艺 | 能传授实际生产中解决问题的方法和技巧，并能对技师进行实际操作指导 | |

## 4. 比　重　表

### 4.1　理论知识

| 项　目 | | | 初级/% | 中级/% | 高级/% | 技师/% | 高级技师/% |
|---|---|---|---|---|---|---|---|
| 基本要求 | 职业道德 | | 5 | 5 | 5 | 5 | 5 |
| | 基础知识 | | 35 | 35 | 30 | 25 | 25 |
| 相关知识 | 准备工作 | | 10 | 10 | | | |
| | 生产操作 | 坯料端头加工 | 45 | 45 | 45 | 40 | 30 |
| | | 拉拔操作 | | | | | |
| | 设备维护与故障处理 | | 5 | 5 | 10 | 10 | 15 |
| | 技术管理 | | | | | 10 | 15 |
| | 培训指导 | | | | 10 | 10 | 10 |
| 合　计 | | | 100 | 100 | 100 | 100 | 100 |

## 4.2　技能操作

| 项　　目 | | | 初级/% | 中级/% | 高级/% | 技师/% | 高级技师/% |
|---|---|---|---|---|---|---|---|
| 技能要求 | 准备工作 | | 20 | 20 | | | |
| | 生产操作 | 坯料端头加工 | 70 | 70 | 70 | 65 | 60 |
| | | 拉拔操作 | | | | | |
| | 设备维护与故障处理 | | 10 | 10 | 20 | 20 | 20 |
| | 技术管理 | | | | | 5 | 10 |
| | 培训指导 | | | | 10 | 10 | 10 |
| 合　　计 | | | 100 | 100 | 100 | 100 | 100 |

注：以上相关表中的“*”表示可根据企业生产情况选择。

# 附录 4　常见元素的某些物理性质

| 元素名称 | 符号 | 熔点 /℃ | 沸点 /℃ | 密度 /kg · m$^{-3}$ | 质量热容 (20℃) /J · (g · ℃)$^{-1}$ | 溶解热 /J · g$^{-1}$ | 导热系数 /J · (m · s · ℃)$^{-1}$ |
|---|---|---|---|---|---|---|---|
| 铝 | Al | 660. 1 | 2500 | 2698 | 0. 9002 | 396. 07 | 221. 9 |
| 镁 | Mg | 650 | 1108 | 1740 | 1. 0258 | 368. 44 | 153. 7 |
| 钛 | Ti | 1677 | 3530 | 4508 | 0. 5192 | 435. 43 | 15. 07 |
| 铜 | Cu | 1084. 5 | 2580 | 8960 | 0. 3852 | 211. 85 | 393. 56 |
| 镍 | Ni | 1453 | 2732 | 8900 | 0. 4396 | 308. 96 | 92. 11 |
| 铅 | Pb | 327. 3 | 1750 | 11340 | 0. 1281 | 226. 21 | 34. 75 |
| 锌 | Zn | 419. 5 | 907 | 7134(25℃) | 3. 8728 | 100. 86 | 113. 04 |
| 锡 | Sn | 231. 91 | 2690 | 7298 | 0. 2261 | 60. 71 | 62. 80 |
| 镉 | Cd | 321. 03 | 765 | 8650 | 0. 2303 | 55. 27 | 92. 11 |
| 钴 | Co | 1492 | 2870 | 8900 | 0. 4145 | 244. 51 | 69. 08 |
| 铋 | Bi | 271. 2 | 1420 | 9800 | 0. 1231 | 52. 335 | 8. 374 |
| 锑 | Sb | 630. 5 | 1440 | 6680 | 0. 2052 | 160. 35 | 18. 84 |
| 锂 | Li | 180 | 1347 | 531 | 3. 3076 | 436. 26 | 71. 18 |
| 铍 | Be | 1283 | 2970 | 1840 | 1. 8841 | 1088. 57 | 146. 54 |
| 钨 | W | 3380 | 5900 | 19350 | 0. 1424 | 184. 22 | 166. 22 |
| 铌 | Nb | 2468 | 5130 | 8570 | 0. 2721 | 288. 89 | 52. 34 ~ 54. 43 |
| 铈 | Ce | 804 | 3468 | 6900 | 0. 1758 | 35. 59 | 10. 89 |
| 钙 | Ca | 850 | 1440 | 1550 | 0. 6490 | 217. 71 | 125. 60 |
| 锆 | Zr | 1852 | 3580 | 6507 | 0. 2847 | 251. 208 | 88. 34 |
| 铁 | Fe | 1537 | 2930 | 7870 | 0. 4605 | 274. 65 | 75. 36 |
| 铬 | Cr | 1903 | 2642 | 7190 | 0. 4605 | 401. 93 | 66. 99 |
| 锰 | Mn | 1244 | 2150 | 7430 | 0. 4815 | 265. 86 | 49. 82 (约 19℃) |
| 砷 | As | 814 (3. 6MPa) | 613 | 5730 | 0. 3433 | 370. 53 | |
| 硼 | B | 2300 | 3675 | 2340 | 1. 2937 | | |
| 磷 (白) | P | 44. 1 | 280 | 1830 | 0. 7411 | 20. 934 | |
| 硫 | S | 115 | 444. 6 | 2070 | 0. 7327 | 38. 94 | 0. 2642 |
| 硅 | Si | 1412 | 3310 | 2329 | 0. 6784 | 1808. 70 | 83. 736 |
| 碳 | C | 3727 | 4830 | 2250 | 0. 6908 | | 23. 865 |

# 参考文献

[1] 肖亚庆，谢水生，刘静安．铝加工技术实用手册［M］．北京：冶金工业出版社，2005.
[2] 马怀宪．金属塑性加工学：挤压拉拔与管材冷轧［M］．北京：冶金工业出版社，2006.
[3] 温景林，丁桦，曹富荣．有色金属挤压与拉拔技术［M］．北京：化学工业出版社，2007.
[4] 钟毅．连续挤压技术及其应用［M］．北京：冶金工业出版社，2004.
[5] 谢建新，刘静安．金属挤压理论与技术（第2版）［M］．北京：冶金工业出版社，2012.
[6] 曹乃光．金属塑性加工原理［M］．北京：冶金工业出版社，1983.
[7] 赵志业．金属塑性变形与轧制理论（第2版）［M］．北京：冶金工业出版社，1996.
[8] 彭大暑．金属塑性加工原理［M］．长沙：中南工业大学出版社，2004.
[9] 王占学．塑性加工金属学［M］．北京：冶金工业出版社，1991.
[10] 钟卫佳，马克定，吴维治．铜加工技术实用手册［M］．北京：冶金工业出版社，2007.
[11] 赵志业．金属塑性加工力学［M］．北京：冶金工业出版社，1987.
[12] 刘静安，李建湘．铝合金管棒线材生产技术与装备发展概况［J］．轻合金加工技术，2007，35（5）：4～8.
[13] 温景林，管仁国，石路．连续铸挤成形技术的发展及应用［J］．轻合金加工技术，2005，33（4）：12～15.